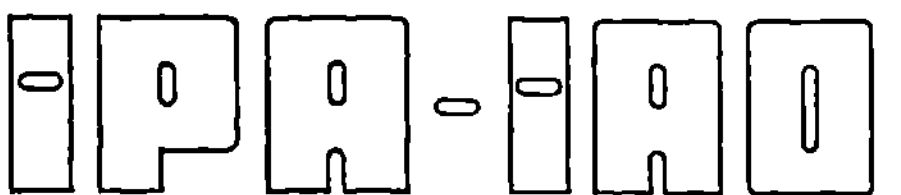

Forschung und Praxis

Band 270

Berichte aus dem
Fraunhofer-Institut für Produktionstechnik
und Automatisierung (IPA), Stuttgart,
Fraunhofer-Institut für Arbeitswirtschaft
und Organisation (IAO), Stuttgart,
Institut für Industrielle Fertigung und
Fabrikbetrieb der Universität Stuttgart und
Institut für Arbeitswissenschaft und
Technologiemanagement, Universität Stuttgart

Herausgeber: H. J. Warnecke, E. Westkämper
und H.-J. Bullinger

Springer-Verlag Berlin Heidelberg GmbH

Thomas Hörz

Flexibel automatisierte Montage von Holzdübeln mit Industrierobotern

Mit 61 Abbildungen

Springer

Dr.-Ing. Thomas Hörz
Fraunhofer-Institut für Produktionstechnik und Automatisierung (IPA), Stuttgart

Prof. Dr.-Ing. Dr. h. c. mult. H. J. Warnecke
o. Professor an der Universität Stuttgart
Präsident der Fraunhofer-Gesellschaft, München

Prof. Dr.-Ing. Dr. h. c. E. Westkämper
o. Professor an der Universität Stuttgart
Fraunhofer-Institut für Produktionstechnik und Automatisierung (IPA), Stuttgart

Prof. Dr.-Ing. habil. Prof. e. h. Dr. h. c. H.-J. Bullinger
o. Professor an der Universität Stuttgart
Fraunhofer-Institut für Arbeitswirtschaft und Organisation (IAO), Stuttgart

D 93

ISBN 978-3-540-64788-1   ISBN 978-3-662-07246-2 (eBook)
DOI 10.1007/978-3-662-07246-2

Geleitwort der Herausgeber

Über den Erfolg und das Bestehen von Unternehmen in einer marktwirtschaftlichen Ordnung entscheidet letztendlich der Absatzmarkt. Das bedeutet, möglichst frühzeitig absatzmarktorientierte Anforderungen sowie deren Veränderungen zu erkennen und darauf zu reagieren.

Neue Technologien und Werkstoffe ermöglichen neue Produkte und eröffnen neue Märkte. Die neuen Produktions- und Informationstechnologien verwandeln signifikant und nachhaltig unsere industrielle Arbeitswelt. Politische und gesellschaftliche Veränderungen signalisieren und begleiten dabei einen Wertewandel, der auch in unseren Industriebetrieben deutlichen Niederschlag findet.

Die Aufgaben des Produktionsmanagements sind vielfältiger und anspruchsvoller geworden. Die Integration des europäischen Marktes, die Globalisierung vieler Industrien, die zunehmende Innovationsgeschwindigkeit, die Entwicklung zur Freizeitgesellschaft und die übergreifenden ökologischen und sozialen Probleme, zu deren Lösung die Wirtschaft ihren Beitrag leisten muß, erfordern von den Führungskräften erweiterte Perspektiven und Antworten, die über den Fokus traditionellen Produktionsmanagements deutlich hinausgehen.

Neue Formen der Arbeitsorganisation im indirekten und direkten Bereich sind heute schon feste Bestandteile innovativer Unternehmen. Die Entkopplung der Arbeitszeit von der Betriebszeit, integrierte Planungsansätze sowie der Aufbau dezentraler Strukturen sind nur einige der Konzepte, welche die aktuellen Entwicklungsrichtungen kennzeichnen. Erfreulich ist der Trend, immer mehr den Menschen in den Mittelpunkt der Arbeitsgestaltung zu stellen - die traditionell eher technokratisch akzentuierten Ansätze weichen einer stärkeren Human- und Organisationsorientierung. Qualifizierungsprogramme, Training und andere Formen der Mitarbeiterentwicklung gewinnen als Differenzierungsmerkmal und als Zukunftsinvestition in *Human Resources* an strategischer Bedeutung.

Von wissenschaftlicher Seite muß dieses Bemühen durch die Entwicklung von Methoden und Vorgehensweisen zur systematischen Analyse und Verbesserung des Systems Produktionsbetrieb einschließlich der erforderlichen Dienstleistungsfunktionen unterstützt werden. Die Ingenieure sind hier gefordert, in enger Zusammenarbeit mit anderen Disziplinen, z. B. der Informatik, der Wirtschaftswissenschaften und der Arbeitswissenschaft, Lösungen zu erarbeiten, die den veränderten Randbedingungen Rechnung tragen.

Die von den Herausgebern langjährig geleiteten Institute, das

- Institut für Industrielle Fertigung und Fabrikbetrieb der Universität Stuttgart (IFF),

- Institut für Arbeitswissenschaft und Technologiemanagement (IAT),

- Fraunhofer-Institut für Produktionstechnik und Automatisierung (IPA),

- Fraunhofer-Institut für Arbeitswirtschaft und Organisation (IAO) arbeiten in grundlegender und angewandter Forschung intensiv an den oben aufgezeigten Entwicklungen mit. Die Ausstattung der Labors und die Qualifikation der Mitarbeiter haben bereits in der Vergangenheit zu Forschungsergebnissen geführt, die für die Praxis von großem Wert waren. Zur Umsetzung gewonnener Erkenntnisse wird die Schriftenreihe „IPA-IAO - Forschung und Praxis" herausgegeben. Der vorliegende Band setzt diese Reihe fort. Eine Übersicht über bisher erschienene Titel wird am Schluß dieses Buches gegeben.

Dem Verfasser sei für die geleistete Arbeit gedankt, dem Springer-Verlag für die Aufnahme dieser Schriftenreihe in seine Angebotspalette und der Druckerei für saubere und zügige Ausführung. Möge das Buch von der Fachwelt gut aufgenommen werden.

H. J. Warnecke   E. Westkämper   H.-J. Bullinger

Vorwort

Die vorliegende Arbeit entstand während meiner Tätigkeit als wissenschaftlicher Mitarbeiter am Fraunhofer-Institut für Produktionstechnik und Automatisierung (IPA), Stuttgart.

Mein besonderer Dank gilt Herrn Prof. Dr.-Ing. Dr. h. c. E. Westkämper, der mir die erfolgreiche Durchführung dieser Arbeit an seinem Institut ermöglicht hat.

Herrn Prof. Dr.-Ing. Dr. h. c. U. Heisel danke ich für die Übernahme des Mitberichts und die eingehende Durchsicht der Arbeit. Mein Dank gilt auch Herrn Dr.-Ing. J. Tröger für die wertvollen Hinweise, die sich bei der Durchsicht der Arbeit und der anschließenden Diskussion ergaben.

Aus dem großen Kreis der Kollegen am Institut, die mich durch ihre Mitarbeit und anregende Kritik unterstützt haben, möchte ich Herrn Prof. Dr.-Ing. Dr. h. c. R. D. Schraft, Herrn Dr.-Ing. M. Schweizer, Herrn Dr.-Ing. H. Dreher, Herrn Dipl.-Ing. J. C. Spingler, Herrn Dipl.-Ing. F. Visel und Herrn Dipl.-Ing. W. Haase erwähnen. Ihnen allen sowie den Studenten, die am Gelingen meiner Arbeit beteiligt waren, gilt mein herzlicher Dank.

Ganz besonders danke ich meiner Frau Jutta und meiner Tochter Julia Isabel, die mit viel Verständnis und mancherlei Verzicht zum Gelingen dieser Arbeit wesentlich beigetragen haben.

Dieses Buch widme ich in großer Dankbarkeit meinem verstorbenen Vater, der meinen Werdegang geprägt und mir diesen ermöglicht hat.

Filderstadt, Mai 1998   Thomas Hörz

0   Formelzeichen und Abkürzungen

Lateinische Buchstaben

a	—	1. Scheitel der Ellipse zur großen Achse $|ab|$
A	Ampere	elektrische Stromstärke
A_{BT}	—	erreichbare Ausbringung an Basisteilen
A_F	mm²	Fugenfläche
A_u	mm²	auf die Bohrung bezogene unterdeckende Dübelfläche
A_D	mm²	auf die Bohrung bezogene überdeckende Dübelfläche
b	—	2. Scheitel der Ellipse zur großen Achse $|ab|$
B	mm	Breite des Standard-Basisteils
BS	—	Bohrsystem
BT	—	Basisteil
c	—	1. Scheitel der Ellipse zur kleinen Achse $|cd|$
C_1	—	Integrationskonstante
CAN	—	Controller Area Network
CCD	—	Charge Coupled Device (Camera)
d	—	2. Scheitel der Ellipse zur kleinen Achse $|cd|$
$d\alpha$	°	eingeschlossener Winkel des Schnittkörpers
$d\gamma/dt$	m/s	Verformungsgeschwindigkeit
dl	mm	Höhe des Schnittkörpers
dp	N/m²	Druckdifferenz am Schnittelement
dr	mm	Breite des Schnittkörpers
$d\tau$	N/mm²	Schubspannungsdifferenz am Schnittelement
du	mm	radiale Breitenzunahme durch die Verformung
dV/dt	ml/s	Volumenstrom
dx	mm	Bogenlänge eines Zylindersektors am Schnittelement
dy	mm	Höhe eines Schnittelements
D_B	mm	Bohrungsdurchmesser
$D_D(x)$	mm	Dübeldurchmesser in Abhängigkeit vom Umfang x
$D_D(x)_{max}$	mm	maximaler Dübeldurchmesser in Abhängigkeit vom Umfang x
DFS	—	Dübelfügesystem
D_{max}	mm	maximaler Dübeldurchmesser
$D_{max, zul}$	mm	maximal zulässiger Dübeldurchmesser

D_{min}	mm	minimaler Dübeldurchmesser
$D_{min, zul}$	mm	minimal zulässiger Dübeldurchmesser
DMWZ	—	Dübelmontagewerkzeug
D_N	mm	Dübelnenndurchmesser
E	N/mm²	Elastizitätsmodul
E_1	N/mm²	Elastizitätsmodul 1
E_2	N/mm²	Elastizitätsmodul 2
E_B	N/mm²	Elastizitätsmodul, Basisteil
E_D	N/mm²	Elastizitätsmodul, Dübel
E_m	N/mm²	Elastizitätsmodul, Mittelwert
$E_{m(t, r)}$	N/mm²	Elastizitätsmodul für gemittelte Belastung
E_r	N/mm²	Elastizitätsmodul für radiale Belastung
E_t	N/mm²	Elastizitätsmodul für tangentiale Belastung
f(s)	%	Wahrscheinlichkeitsdichte
F	N	Prozeßkraft
F_F	N	Fügekraft
$F_{F, max}$	N	maximal zulässige Fügekraft
$F_{F, min}$	N	minimale Fügekraft
F_{ges}	N	Gesamteinpreßkraft
F_{LI}	N	Fügekraft in der 1. Leimverdrängungsphase
F_{LI}^*	N	korrigierte Fügekraft in der 1. Leimverdrängungsphase
F_{LII}	N	Fügekraft in der 2. Leimverdrängungsphase
F_{LII}^*	N	korrigierte Fügekraft in der 2. Leimverdrängungsphase
F_N	N	Normalkraft auf die Fugenfläche
FS	—	Fügestempel
FT	—	Fügeteil
F_{TR}	N	Fügekraft in der Trockenreibungsphase
F_{TR}^*	N	korrigierte Fügekraft in der Trockenreibungsphase
$F_{TR, dx}$	N	Trockenreibungskraft für einen Zylindersektor mit der Bogenlänge dx
G_1	—	Grenzellipse 1
G_2	—	Grenzellipse 2
GF	—	Gewichtungsfaktor
GW	—	Gesamtwert

h	mm	Höhe der Quetschströmung
h_B	mm	Bohrungstiefe
h_D	mm	Dübellänge
h_F	mm	Fasenhöhe
h_L	mm	Leimfüllhöhe
$h_{L,opt}$	mm	optimale Leimfüllhöhe
h_N	mm	Dübelnennlänge
H	mm	Höhe Standard-Basisteil
I	—	Input
IR	—	Industrieroboter
K	mPa s	Konsistenzfaktor
KW	—	Konzeptwert
l	mm	durchströmte Länge (von z abhängig)
l_V	mm	Länge Vorschneider
l_Z	mm	Länge Zentrierspitze
LD	—	Leimdüse
LDI	—	Laserdiode
LF	—	Linearführung
m_L	g	Leimmasse
M	—	Motor
MSH	—	modifizierte Gestaltänderungsenergiehypothese
n	—	Fließexponent
n_{Bo}	—	Anzahl der Bohrungen
n_{BT}	—	Anzahl der Basisteile
n_{FT}	—	Anzahl der Fügeteile
n_S	—	Anzahl der Arbeitsschichten
O	—	Output
p	N/mm²	Fugendruck
$p(x)$	N/mm²	konstanter Fugendruck für einen Zylindersektor mit der Bogenlänge dx bzw. Flüssigkeitsdruck im Spalt
$p(y)$	mPa	Druck in Abhängigkeit von y
p_0	N/mm²	Druck für $r = R_N$
p_1	N/mm²	Druck für $r = 0$
p_F	N/mm²	Fugendruck

PSD	—	photosensitive Diode
PVAc	—	Polyvinylacetatdispersion
Q	—	Radienverhältnis
Q_B	—	Radienverhältnis am Basisteil
Q_D	—	Radienverhältnis am Dübel
r	mm	Radiuskoordinate
r_{Sp}	mm	Spaltbreite
$R(\varphi)$	mm	realer Dübelradius in Abhängigkeit von φ
$R(x)$	mm	Dübelradius in Abhängigkeit vom Umfang x
R_a	mm	Außenradius
R_{Ba}	mm	Basisteilaußenradius
R_{Bi}	mm	Basisteilinnenradius
$R_D(x)$	mm	Dübelradius in Abhängigkeit vom Umfang x
$R_D'(x)$	mm	Dübelradius in Abhängigkeit vom Umfang x unter Berücksichtigung der Plastizität
R_{Di}	mm	Dübelinnenradius
R_F	mm	Fugenradius
R_i	mm	Innenradius
R_{max}	mm	maximaler Radius
R_{min}	mm	minimaler Radius
R_N	mm	Dübelnennradius
s	%	Zufallsgröße
s_{min}	mm	kleinster Randabstand
$S_{t,r}$	—	tangentiale Querdehnungszahl bei radialer Belastung
t	mm	Werkstückdicke
t_{BBT}	s	Bohrprozeßzeit am Basisteil
t_{DBT}	s	Dübelmontageprozeßzeit am Basisteil
t_{HBT}	s	Handhabungszeit für Basisteile
t_{HWZ}	s	Handhabungszeit für Dübelmontagewerkzeug
t_{KBT}	s	Nebenzeit zur Koordinatenursprungsermittlung am Basisteil
t_{LA}	s	Prozeßzeit für raupenförmigen Leimauftrag
t_S	s	Arbeitsschichtdauer
t_{VDB}	s	Nebenzeit für Dübelbohrung vermessen
t_{WZW}	s	Nebenzeit für Werkzeugwechsel

T	mm	Tiefe Standard-Basisteil
u	mm	radiale Verschiebung nach der Verformung
$U(x)$	mm	Übermaß in Abhängigkeit vom Umfang x
U_{plast}	mm	Plastizitätsübermaß
v	m/s	Fließgeschwindigkeit
$v(r)$	m/s	Strömungsgeschwindigkeit im Spalt
v_0	m/s	Geschwindigkeitskorrekturwert für die 1. Leimverdrängungsphase
v_E	m/s	Einpreßgeschwindigkeit
v_r	m/s	Quetschgeschwindigkeit in radialer Richtung
V	Volt	elektrische Spannung
$\dot{V}_{1,2,3}$	l/min	Volumenströme
V_{Diff}	mm^3	Diffusionsvolumen
V_{Fase}	mm^3	Volumen des Fasenhohlraumes
$V_{L,opt}$	mm^3	optimales Leimvolumen
V_{Riffel}	mm^3	Volumen des Hohlraumes zwischen Dübel und Basisteil
VS	—	Vorschubsystem
V_{Vor}	mm^3	gebildetes Volumen durch den Vorschneider des Bohrers
$V_{Zentrier}$	mm^3	gebildetes Volumen durch die Zentrierspitze des Bohrers
x	mm	Dübelumfang
y	—	Koordinatenbezeichnung
z	mm	Fügeweg
z_{max}	mm	maximaler Fügeweg
z_{min}	mm	minimaler Fügeweg

Griechische Buchstaben

α	—	Dehnungszahl
α_1	—	Dehnungszahl 1
α_2	—	Dehnungszahl 2
α_F	°	Fasenwinkel
α_m	—	Dehnungszahl, Mittelwert
α_V	°	Vorschneidewinkel
α_Z	°	Zentrierspitzenwinkel
β	%	Erwartungswert
χ	mm	Lateralfehler
ΔR_{Bi}	mm	Vergrößerung des Basisteilinnenradius durch Fügen
ΔR_{Ba}	mm	Vergrößerung des Basisteilaußenradius durch Fügen
$\Delta R_D(x)$	mm	Verringerung des Dübelradius durch Fügen
ε	—	Dehnung
ε_r	—	Radialdehnung
ε_t	—	Tangentialdehnung
Φ	%	Verfügbarkeit der Anlage
$\dot{\gamma}$	m/s	Schergeschwindigkeit
η	mPa s	dynamische Leimviskosität
φ	°	Winkel bez. auf Abszisse in math. positiver Drehrichtung
κ	%	Standardabweichung
μ	—	Querkontraktionszahl
μ_B	—	Querkontraktionszahl, Basisteil
μ_D	—	Querkontraktionszahl, Dübel
μ_{Gl}	—	Gleitreibungskoeffizient
$\mu_{r,t}$	—	radiale Querkontraktionszahl bei tangentialer Belastung
$\mu_{t,r}$	—	tangentiale Querkontraktionszahl bei radialer Belastung
ρ_L	kg/m³	Dichte des Leimes
σ	N/mm²	Spannung
$\sigma_{D,Buche}$	N/mm²	Druckfestigkeit bzw. Quetschgrenze, Buchenholz
σ_P	N/mm²	Proportionalitätsgrenze

σ_r	N/mm²	Radialspannung
σ_{ra}	N/mm²	Radialspannung außen
σ_{rB}	N/mm²	Radialspannung am Basisteil
σ_{rBa}	N/mm²	Radialspannung am Basisteil außen
σ_{rBi}	N/mm²	Radialspannung am Basisteil innen
σ_{rD}	N/mm²	Radialspannung am Dübel
σ_{rDa}	N/mm²	Radialspannung am Dübel außen
σ_{ri}	N/mm²	Radialspannung innen
σ_t	N/mm²	Tangentialspannung
σ_{tB}	N/mm²	Tangentialspannung am Basisteil
σ_{tD}	N/mm²	Tangentialspannung am Dübel
σ_V	N/mm²	Vergleichsspannung
$\sigma_{Z,\,Buche}$	N/mm²	Zugfestigkeit senkrecht zur Faser für Buchenholz
τ	N/mm²	Schubspannung
$\tau(r)$	N/mm²	Schubspannung in Abhängigkeit von r
ψ	°	Angularfehler
ψ_{LI}	—	Geometriekorrekturwert der 1. Leimverdrängungsphase
ψ_{LII}	—	Geometriekorrekturwert der 2. Leimverdrängungsphase
ψ_N	—	Nullkorrekturwert
ζ	—	Diffusionskennzahl

1   Einleitung

1.1   Problemstellung

In der Kraftfahrzeugherstellung oder bei der Produktion von weißer oder brauner Ware haben automatisierte Montage- und Handhabungsprozesse in den letzten Jahren einen hohen Durchdringungsgrad erfahren /WAR-90/. Insbesondere der Bereich der flexiblen Montage konnte sich mit der Entwicklung von Fügeverfahren und -werkzeugen sowie der weiteren Verbesserung der Robotertechnik stark ausweiten /MIL-87/. Im Bereich der Fertigung und Montage in der holzverarbeitenden Industrie konnten die brachliegenden Rationalisierungspotentiale bisher jedoch nur teilweise erschlossen werden /SCH-95a/. Die Gründe hierfür liegen insbesondere in der zunehmenden, designorientierten Variantenvielfalt der Werkstückspektren, den geringen Losgrößen sowie den zu berücksichtigenden Eigenschaften des Werkstoffes Holz und dem Fehlen an durchgängigen flexiblen Automatisierungslösungen bei der Montage von Holzprodukten /BÄC-95/, /SCH-96/.

Hohe Lohnkosten - bedingt durch lange Montagezeiten -, steigende Qualitätsanforderungen sowie die Forderung nach kürzeren Durchlaufzeiten erfordern aus wirtschaftlicher und technischer Sicht den Einsatz flexibel automatisierter Montagesysteme für Holzprodukte gleichermaßen /WAR-95/.

Eine zentrale Stellung in der Fertigung und Montage von Holzprodukten nimmt die Verbindungstechnik (wie z. B. Klammern, Schrauben, Dübeln usw.) ein.

Verbindungselemente sind dadurch gekennzeichnet, daß sie Zug-, Druck- und Scherkräfte sowie Biegemomente aufnehmen müssen. In den letzten Jahren wurden im Bereich der Klammerverbindungen erste Lösungsansätze entwickelt, die teilweise eine automatisierte Montage von Möbelprodukten erlauben /TEX-96/. Bei Schraubenverbindungen sind bereits flexible Montagebeispiele mit Industrierobotern bekannt /FIS-90/.

Bei der Herstellung von Dübelverbindungen sind jedoch noch erhebliche Defizite bei flexiblen Automatisierungslösungen vorhanden.

Teil- und vollautomatisierte Lösungen existieren derzeit nur im Bereich des Kasten-möbelbaus (Küchen-, Büro-, Schrankmöbel etc.) mit starren und rüstflexiblen Mon-tageanlagen /HOL-97/, /IGB-97/. Der geringe Automatisierungsgrad bei der Dübel-montage kleiner und mittlerer Serien hat u. a. folgende Gründe:

- hohe Typen- und Variantenvielfalt,

- kleine Losgrößen,

- technische Automatisierungshemmnisse,

- Defizit an flexiblen Automatisierungskomponenten.

Der Einsatz von Industrierobotern zur Montage von Holzdübeln scheiterte bisher an der komplexen Problemstellung bei der Herstellung von Dübelverbindungen. Es existieren Anlagen, die für spezifische Problemlösungen konzipiert sind und mit denen zumindest die Lösung von Teilaufgaben bei der Dübelmontage gelöst wurden /VDM-94/.

Ein verbreiteter industrieller Einsatz erfordert jedoch die ganzheitliche Betrachtung des Montageprozesses sowie die Entwicklung geeigneter Fügeverfahren und neuer Roboterwerkzeuge für die Montage von Holzdübeln.

1.2　　　Zielsetzung und Vorgehensweise

Ziel dieser Arbeit ist es, grundlegende Erkenntnisse zur Montage von Holzdübeln zu erarbeiten und durch eine systematische Vorgehensweise die Randbedingungen und Möglichkeiten einer flexibel automatisierten Dübelmontage mit Industrierobotern aufzuzeigen.

Die wissenschaftliche Erarbeitung produktspezifischer und montagetechnischer Grundlagen bei der Montage von Holzdübeln soll einen Schwerpunkt der Arbeit bilden. Um eine Umsetzung der Forschungsergebnisse in die Praxis zu gewähr-leisten, sind die entwickelten Verfahren und Werkzeuge in einer Pilotanlage zu untersuchen und die theoretische Aufarbeitung des Fügeprozesses in das Gesamt-system zu implementieren.

Basierend auf einer umfassenden Analyse in den wichtigsten Bereichen der holzverarbeitenden Industrie wird der Istzustand des Produktspektrums und der Montagearbeitsplätze bei der Dübelmontage untersucht. Aus den Ergebnissen der Analyse werden die notwendigen Entwicklungsschritte abgeleitet und die Anforderungen an die zu erarbeitenden Werkzeuge und Verfahren für eine flexibel automatisierte Montage von Holzdübeln zusammengestellt.

Danach folgt die Entwicklung eines industrierobotergeführten Dübellochbohr- und Dübelfügewerkzeugs, mit dem eine automatisierte Montage von Holzdübeln bei hoher Produktflexibilität ermöglicht werden soll. In morphologischer Vorgehensweise werden alternative Lösungskonzepte für die Teilsysteme entwickelt und jeweils die besten Lösungen zu einem Gesamtsystem integriert.

Im Rahmen experimenteller Untersuchungen werden die wichtigsten Einflußparameter auf den Fügeprozeß detektiert. Aufbauend auf den Erkenntnissen der Vorversuche sind die theoretischen Zusammenhänge bei der Montage von Holzdübeln zu untersuchen, um hieraus die theoretischen Grundlagen zur Vorausberechnung des Fügekraftverlaufs und eine geeignete Auslegung der Montageprozeßüberwachung zu schaffen.

Die technische Einsetzbarkeit der entwickelten Verfahren und Systeme zur flexibel automatisierten Montage von Holzdübeln soll in einer Pilotanlage erprobt werden. Darüber hinaus sollen die potentiellen Einsatzmöglichkeiten und Einsatzgrenzen aufgezeigt werden.

2 Ausgangssituation

2.1 Begriffe und Definitionen

Die im Zusammenhang mit Montage und Fügeprozessen verwendeten Begriffe werden im folgenden näher erläutert. Bisher nicht bestimmte oder unterschiedlich gebrauchte Begriffe werden definiert, soweit sie für das Verständnis der vorliegenden Arbeit von Bedeutung sind.

Die Begriffe Montage, Handhaben, Fügen, Industrieroboter, Speichern und Sensor sind in der VDI-Richtlinie 2860 /VDI-82/, in /DIN-85a/, bei /SCH-78/ und bei /SCH-76/ erläutert. Die Begriffe Fügebewegung, Fügeteil, Basisteil, Fügeweg und Fügekraft können /LÖH-77/, Fugenfläche, Fugendruck und Radienverhältnis /SOF-87/ und /KOL-84/ entnommen werden.

Die ebenfalls in dieser Arbeit verwendeten Begriffe und Definitionen von Holz und Holzwerkstoffen sind in den Normen /DIN-69/, /DIN-79a/, /DIN-84/, /DIN-85b/ und /DIN-89/ aufgeführt. Darüber hinaus werden Begriffe, die u. a. im Zusammenhang mit der Montage von Möbelprodukten gebraucht werden, in /HOA-90/, /PRA-92/, /FAC-90/, /NUT-92/ definiert.

Unter Holzdübeln versteht man aus Vollholz-Rundstäben hergestellte, näherungsweise zylindrische Stiftelemente, die unter Zugabe von Dispersionsklebstoffen (Polyvinylacetate) als Verbindungsmittel zur Aufnahme von Zug-, Druck- und Scherkräften im Holz- und Möbelbau eingesetzt werden.

Aufgrund der Aufnahme (Sorption) des Dispersionsmittels in das Kapillarsystem von Füge- und Basisteil findet durch die Einlagerung von Wassermolekülen ein Ausdehnen der Zellwände und damit ein Quellen in den Wirkflächenpaaren statt /NIE-93/, /DUP-61/, /FUR-83/.

Der Preßverband ist durch folgende Größen bestimmt:

- geometrische Verhältnisse am Preßverband,
- Druckkräfte infolge Passungsmaß und Quellung,
- Aushärtung des Dispersionsklebstoffes im Fügespalt und
- Faser- bzw. Fügerichtung am Basisteil.

In Bild 2.1 werden die wichtigsten Begriffe für die Montage von Holzdübeln definiert.

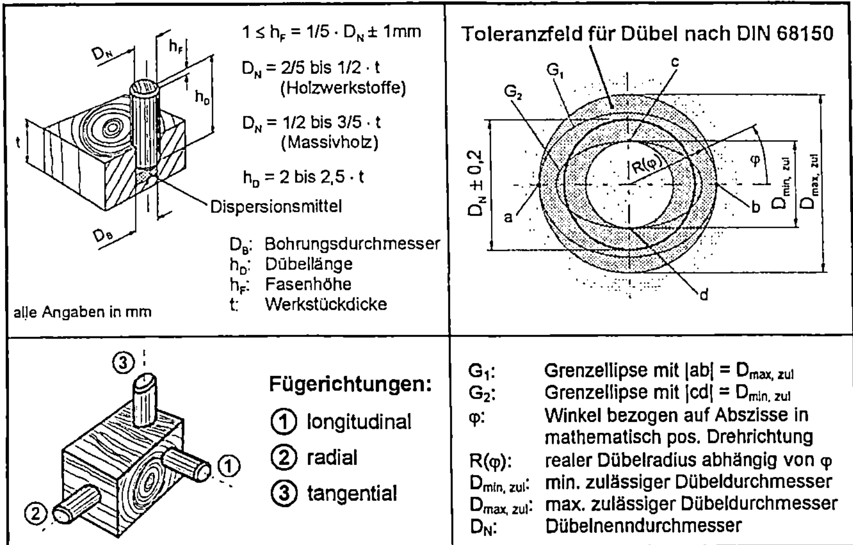

<u>Bild 2.1:</u>   Definition von Begriffen bei der Montage von Dübeln

2.2   Stand der Technik

2.2.1   Arten und Einsatzbereiche von Holzdübeln bei der Montage von Holzprodukten

Holzdübel sind in unterschiedlichen Konstruktionsausführungen erhältlich. Für den industriellen Einsatz werden überwiegend Riffel-, Glatt- und Quelldübel eingesetzt. Darüber hinaus sind weitere Bauformen wie Winkel-, Kunststoff- /GRE-89/ und Warzendübel sowie angefräste Dübel bekannt, die jedoch aufgrund der geringen Einsatzhäufigkeit für die Automatisierung der Dübelmontage nicht von Bedeutung sind.

Gundsätzlich werden Holzdübel nach /DIN-89/ mit den Außendurchmessern 5, 6, 8, 10, 12, 14, 16, 18 und 20 mm angeboten, die Längen variieren zwischen 25 mm und 160 mm.

In <u>Bild 2.2</u> sind die wichtigsten Holzdübeltypen hinsichtlich Dübelart und Einsatzbereich dargestellt.

Dübelart	Erläuterungen	Einsatzbereich	Bild
Riffeldübel (DIN 68150, Form A)	• parallel zur Dübelachse eingefräste Längsrillen • Herstellung erfolgt auf Kehlmaschinen mit zwei gegenüber angeordneten Profilfräsern, die jeweils die Hälfte des Umfangs profilieren • beim Fügen ermöglichen die Riffel das Entweichen von Luft; Leim wird über die gesamte Dübel- und Bohrungsoberfläche verteilt • Riffelung ermöglicht elastisch-plastische Verformung an den Kontaktstellen, wodurch für Dübel- und Bohrungsdurchmesser größere Fertigungstoleranzen zulässig sind	• Korpusbau (Küchen-, Büro- und Wohnmöbelindustrie) • Gestellmöbelbau • Rahmenbau (Türen-, Fensterherstellung)	
Glattdübel (DIN 68150, Form B)	• Herstellung erfolgt auf Kehl- oder Rundstabfräsmaschinen • beim Fügen ist die gleichmäßige Verteilung des Leims über die Dübel-/ Bohrungsoberfläche nicht gewährleistet • passungsempfindlich	• Rundstäbe • Zentrierhilfen • Spielwarenherstellung	
Quelldübel (DIN 68150, Form C)	• wendel- oder kreuzförmig eingepreßte Rillen • Herstellung erfolgt auf Rundstabfräsmaschinen mit anschl. spanloser Verformung durch Profilwalzen • beim Fügen ermöglichen die Rillen das Entweichen von Luft; Leim wird über die gesamte Dübel-/Bohrungsoberfläche verteilt • Rillen ermöglichen elastisch-plastische Verformung an den Kontaktstellen • Gefahr unzureichender Festigkeitswerte bei zu starker Zerstörung der Holzfaserstruktur an der Dübeloberfläche	• Gestellmöbelbau • Massivholzverarbeitung	
Spiraldübel	• wendelförmig eingefräste Nuten • Herstellung auf Spezialmaschinen • beim Fügen ermöglichen die Nuten das Entweichen von Luft; Leim wird entlang der Spiralnut auf die Dübel-/Bohrungsoberfläche verteilt	• Stuhlherstellung • Schulmöbelherstellung • Anwendung vorwiegend in den USA	

Dübel für Leimperle	• Zugabe des Leimes in Form von Leimperlen
	• sonst Ausführung wie bei Riffeldübeln mit folgenden Varianten:
	  1. umlaufende Nuten, die über Kanäle mit der Dübelstirnfläche verbunden sind, fördern den Leim an die Dübel-/Bohrungsoberfläche
	  2. stirnseitig angefräster Absatz dient der Zerstörung der Leimperle beim Auftreffen des Dübels
		• Korpusbau, vorwiegend bei der Herstellung von Küchenmöbeln	

Vorbeleimter Dübel	• analog zu Riffeldübel, Dübel ist jedoch mit Leimmantel überzogen • anstatt der Verwendung von flüssigem Dispersionsklebstoff wird Wasser in die Dübelbohrung eingebracht	• Korpusbau im Massivholzbereich	

<u>Bild 2.2:</u>   Arten und Einsatzbereiche von Holzdübeln

In Deutschland werden für die Herstellung von Dübeln die Holzarten Rotbuche (Fagus sylvatica L.), Eiche (Quercus robur L.), Sipo Mahagoni (Entandrophragma utile Sprague) sowie Echtes Mahagoni (Swietenia macrophylla King) verarbeitet.

Die Dübel müssen aus gesundem, astfreiem und trockenem Holz bestehen und an beiden Enden eine 60°-Fase aufweisen. Lediglich natur- und trocknungsbedingte Farbunterschiede sind zulässig. Die Holzfeuchte der Dübel muß ab Herstellwerk unter 10% liegen. Dadurch kann eine Schwächung der Verbindung infolge Schwindens des Dübels bei Einstellen des Holzfeuchtegleichgewichts /DIN-79b/ vermieden werden.

Über die Verteilung der eingesetzten Holzdübel liegen zur Zeit keine Daten vor. Notwendige Daten für die Planung von Anlagen zur Montage von Holzdübeln insbesondere im Hinblick auf vorkommende Dübelverbindungen, verwendete Holzdübelarten und branchenbezogene Einsatzzahlen sind derzeit nicht verfügbar.

2.2.2   Istzustand bei der Montage von Holzdübeln

Der technische Stand bei der Montage von Holzdübeln hat sich in den letzten Jahren wenig geändert. Im Korpusmöbelbau und hier insbesondere in der Küchen- und Büromöbelindustrie, wo überwiegend plattenförmige Holzwerkstoffe in Serienfertigung bei hohen varianten- und typneutralen Stückzahlen verarbeitet werden, sind starr automatisierte Einrichtungen im Einsatz. Auf solchen Anlagen können losweise die Werkstücke spanend bearbeitet (Formatbearbeitung, Herstellung von Konstruktionsbohrungen) und in einem Arbeitsgang Leim in Dübelbohrungen eingebracht und Dübel in die Bohrungen eingepreßt werden. Weitere Verkettungsmöglichkeiten mit sog. Korpuspressen ermöglichen die Komplettmontage der Dübeleckverbindungen zu Korpuselementen. Es werden dabei Ausbringungsgrade in Abhängigkeit der Korpusabmaße von bis zu 65 Korpussen/h erreicht /HKV-97/, /WELL-96/.

Betriebe der holzverarbeitenden Industrie mit mittleren und kleinen Losgrößen, wie z. B. bei der Polstermöbel-, Fenster-, Tisch- und Stuhlherstellung, sind durch einen sehr hohen Anteil an manuellen Montagetätigkeiten gekennzeichnet. Die Bandbreite der verwendeten Werkzeuge und Hilfsmittel zur Herstellung einer Dübelverbindung reicht hier von der einfachen Handbohrmaschine, dem Leimpinsel und dem

Handhammer über einfache Hilfsvorrichtungen, Ständerbohrmaschinen, mechanisch betätigte Handdübelgeräte, Dübellochbohr- und Dübeleinpreßmaschinen bis hin zu CNC-gesteuerten Dübelbohr- und Dübeleinpreßmaschinen /HOL-93/.

In Abhängigkeit vom Anwendungsfall und den gestellten Anforderungen an die Dübelverbindungen werden weitere Arbeitsumfänge, wie z. B. stirnseitiges Ablängen der Basisteile, an Stationärmaschinen durchgeführt /SCH-82/.

In Bild 2.3 sind die für die Holzdübelmontage derzeit im Einsatz befindlichen Systeme zusammenfassend dargestellt und hinsichtlich der Arbeitsumfänge bei der Dübelmontage klassifiziert.

Klassifizierungsmerkmale		Eingesetzte Systeme → Manuelle Montage	Dübellochbohrmaschine	Handdübelgerät	Dübeleinpreßmaschine	Dübellochbohr- und Einpreßmaschine
Merkmale	Eingesetzte Werkzeuge	Bohrm. u. Hammer	Bohraggregat	Dübelpistole	Einpreßaggregat	Bohr- u. Einpreßaggr.
	Automatisierungseinrichtung für BT-Handhabung	—	Förder- oder Rollenband	—	Förder- oder Rollenband	Förder- oder Rollenband, Portale
	Typische BT-Stückzahlen	bis 100	bis 500	bis 250	bis 500	bis 1000
	Zusatzeinrichtungen	—	Spanneinrichtungen	Positionierhilfen	Spanneinrichtungen	CNC-Achsen
Arbeitsumfänge	BT handhaben, einlegen, positionieren	○	○ bzw. ◐	○	○ bzw. ◐	◐ bzw. ●
	BT halten bzw. spannen	○	○ bzw. ◐	○	○ bzw. ◐	◐ bzw. ●
	Dübel bereitstellen, vereinzeln, zuführen	○	—	◐	○ bzw. ◐	●
	Ablängen	—	◐ (optional)	—	◐ (optional)	◐ (optional)
	Dübelbohrung anfertigen	○	◐	—	—	●
	Dispersionsklebstoff einbringen	○	—	◐	◐	●
	Dübel fügen	○	—	◐	◐	●
	BT entnehmen und ablegen	○	○ bzw. ◐	○	○ bzw. ◐	◐ bzw. ●
	Dübelverbindung kontrollieren	○	—	○	○	○
	Umrüsten	○	○	○	○	○ bzw. ◐

BT ... Basisteil — ... entfällt ○ ... manuell ◐ ... teilautomatisiert ● ... automatisiert

Bild 2.3: Überblick über eingesetzte Systeme und deren Arbeitsumfänge bei der Montage von Holzdübeln

Aus dem Stand der Technik wird deutlich, daß für die Holzdübelmontage insbesondere bei mittleren und kleinen Stückzahlen bislang keine durchgängig flexibel automatisierten Montagesysteme existieren.

2.2.3 Stand der Forschung

Es sind umfangreiche Forschungs- und Entwicklungsarbeiten bekannt, die sich mit der Montage von Holzdübeln beschäftigen, aber hierbei nur die Dübelverbindungen hinsichtlich ihrer Festigkeitseigenschaften untersuchen /ECK-71/, /ECK-79a/, /ECK-79b/, /ENG-72/, /GOW-78/, /ALB-87/, /LIN-87/, /NAS-71/, /KRI-65/, /NOW-60/, /HÜS-86/.

Die auf den Fügeprozeß einflußnehmenden Prozeßparameter, die eine Beschreibung des Fügekraftverlaufs und somit eine Überwachung des Fügeprozesses erlauben würden, sind bislang noch nicht untersucht worden.

Zur automatisierten Montage von Holzdübeln mit Industrierobotern sind lediglich zwei Realisierungsansätze bekannt.

Bei der ersten Anwendung /ROB-95/ werden stirnseitig mit Hilfe eines Bohraggregates Dübellöcher gebohrt und Holzdübel mit einem pneumatischen Kolbenzylinder eingepreßt. Dieses Konzept ist jedoch auf die Montage von Dübeln in Plattenwerkstoffe begrenzt.

Die zweite Anwendung /OTT-95/ zeigt einen Laborversuch auf Basis eines Parallelroboters (Tripod-System), der vormagazinierte Holzdübel in vorgefertigte Bohrungen ohne Zugabe von Leim einpreßt.

Bei allen marktgängigen Montagesystemen zur automatisierten Montage von Holzdübeln als auch bei den beiden Realisierungsansätzen mit Industrierobotern stellt die hohe Typen- und Variantenvielfalt der zu bearbeitenden Werkstücke ein elementares Automatisierungshemmnis dar /HÖR-97/. Die Kontrolle der Dübelverbindungen sowie das Umrüsten bei Produkt- oder Variantenwechsel erfolgt ausschließlich manuell durch das Montage- und Prüfpersonal.

3 Analyse des Produktspektrums und der Montageaufgabe sowie Ableitung von Anforderungen an flexibel automatisierte Systeme zur Montage von Holzdübeln

Zur Ermittlung der wichtigsten Daten bei der Montage von Holzdübeln wurde eine Anwenderbefragung in ausgewählten Bereichen der holzverarbeitenden Industrie durchgeführt. Aufgrund der dort vorliegenden produkt- und montagetechnischen Randbedingungen sowie der detektierten Schwachstellen und Automatisierungshemmnisse sollen die Untersuchungs- und Entwicklungsschwerpunkte festgelegt und die Anforderungen, die an flexibel automatisierte Systeme zur Montage von Holzdübeln gestellt werden, abgeleitet werden.

3.1 Analyse des Produktspektrums bei Dübelverbindungen

Grundlage der Analysen bilden die Daten aus /MZD-94/, das statistische Jahrbuch der BRD 1996 /SJB-97/, eine Repräsentativerhebung /HÖR-95/ bei 31 Möbelherstellern mit 48 charakteristischen Produkten in den sechs Hauptbereichen Polster-, Sitz-, Tisch-, Schrank-, Ergänzungs- und Schlafmöbelindustrie sowie die Resultate von Expertengesprächen mit führenden Möbel-, Dübel-, Dispersionsmittel- und Anlagenherstellern.

Die Analyse zeigt, daß die Verbindungstechnik Dübeln eine überragende Stellung bei der Herstellung von Eckverbindungen einnimmt. Über 70% sämtlicher Eckverbindungen bei der industriellen Möbelherstellung werden mit Holzdübeln ausgeführt. Schraubverbindungen (11%), Zapfenverbindungen (7%), Verbindungsbeschläge (5%), Nägel/Klammern (3%) und Formfedern (1%) nehmen eine untergeordnete Stellung ein. Die restlichen 2,5% entfallen auf sonstige Eckverbindungen (Zinken-, Winkeldübel-, Moltinject-Verbindungen /MOL-95/ etc.).

In <u>Bild 3.1</u> ist eine branchenbezogene Klassifizierung der Verbindungstechniken in bezug auf die Einsatzhäufigkeiten, der Komplexität des Produktaufbaus sowie der Produktionszahlen und typischen Erzeugnisstückzahlen dargestellt.

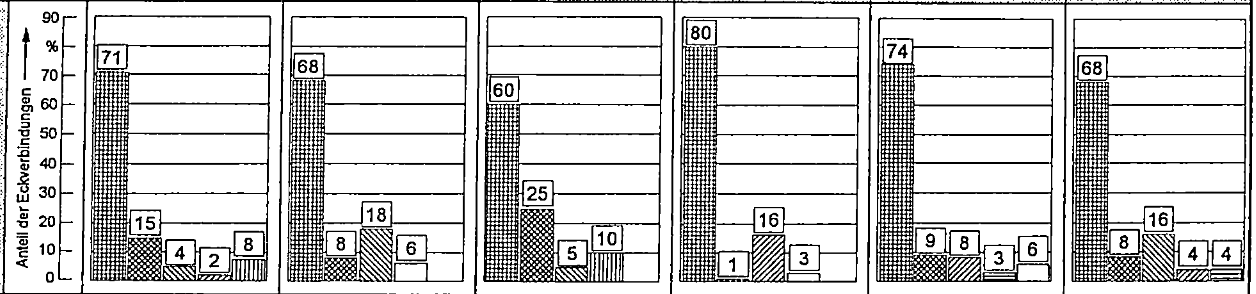

Erzeugnisse / Klassifizierungsmerkmale	Polstermöbel	Sitzmöbel	Tische	Schränke und verwandte Erzeugnisse	Ergänzungsmöbel (z. B. Garderoben, Badezimmermöbel)	Schlafmöbel (z. B. Matratzenrahmen, Betten)
Verwendete Eckverbindungen	71 / 15 / 4 / 2 / 8	68 / 18 / 8 / 6	60 / 25 / 5 / 10	80 / 16 / 1 / 3	74 / 9 / 8 / 3 / 6	68 / 16 / 8 / 4 / 4
Anzahl der an den Eckverbindungen beteiligten Basisteile	bis max. 80	bis max. 10	bis max. 8	bis max. 6	bis max. 10	bis max. 5
Dübelanzahl je Produkt	bis max. 80	bis max. 20	bis max. 16	bis max. 24	bis max. 30	bis max. 25
Produktionszahlen/a • Anzahl der Erzeugnisse	14,9 Mio.	4 Mio.	3,4 Mio.	33,1 Mio.	12,2 Mio.	3,6 Mio.
• Erzeugniswert [DM]	5,7 Mrd.	0,9 Mrd.	0,9 Mrd.	11,5 Mrd.	1,5 Mrd.	0,7 Mrd.
Typische Erzeugnisstückzahlen	bis 100	bis 100	bis 150	bis 500	bis 30	bis 50
Flexibilitätsanford. an die Automatisierungstechnik	sehr hoch	sehr hoch	hoch	mittel	mittel	gering
Begriffsdefinition	Gestellmöbel			Korpusmöbel	Sonstige	

Legende:
- ▥ Dübelverbindungen
- ▨ Verbindungsbeschläge
- ▧ Schraubverbindungen
- ▤ Formfedern
- ▨ Zapfenverbindungen
- ▥ Nägel, Klammern
- ☐ Sonstige

Datenbasis: 31 Möbelhersteller aus 6 Bereichen der holzverarbeitenden Industrie mit 48 charakteristischen Produkten sowie /MZD-94/, /SJB-97/

Bild 3.1:   Klassifizierung von Verbindungselementen in der Möbelindustrie

Nach /MZD-94/, /SJB-97/ und eigenen Hochrechnungen werden ca. 1,9 Mrd. Holzdübel pro Jahr in der Bundesrepublik Deutschland bei der industriellen Produktion von Möbeln in den sechs Hauptbereichen verarbeitet. Zusammengefaßt unter dem Begriff Gestellmöbelindustrie nimmt die Polster-, Sitz- und Tischmöbelindustrie mit 1 Mrd. Holzdübeln eine herausragende Stellung bei der Verarbeitung von Holzdübeln ein. 600 Mio. Holzdübel finden bei der Korpusmöbelfertigung und weitere 300 Mio. bei der Montage von sonstigen Möbeln (Ergänzungsmöbel, Betten etc.) Anwendung.

Da in diesen Industriezweigen und hier insbesondere bei der Gestellmöbelfertigung die Produkte in sehr kleinen Stückzahlen montiert werden, läßt sich hieraus ableiten, daß ein bedeutendes Rationalisierungspotential durch die flexible Automatisierung der Dübelmontage vorliegt.

3.1.1 Analyse produktspezifischer Kenngrößen

Zur Präzisierung der Aufgabenstellung für eine flexibel automatisierte Dübelmontage wurden im Rahmen der Repräsentativerhebung die wichtigsten Produktdaten mit einem Fragebogen ermittelt. Bild 3.2 zeigt einen Überblick über die produktspezifischen Kenngrößen der analysierten Basisteile und Dübel.

Dabei sind zunächst die vorkommenden Basisteilabmessungen und die eingesetzten Basisteilwerkstoffe aufgetragen. Im Gestellmöbelbau zeigt sich ein hoher Verarbeitungsanteil an astfreiem Massivholz, insbesondere Buche nimmt dort eine dominierende Stellung ein. Holzwerkstoffe wie Spanplatte und MDF finden vorwiegend bei der Herstellung von Korpusmöbeln Anwendung.

Zur Charakterisierung der Dübelverbindungen wurde neben dem kleinsten Randabstand s_{min} zwischen Bohrungswandung und Basisteilaußenkante die Anzahl der Dübel je Eckverbindung analysiert. Der Randabstand s_{min} betrug bei 82% der Basisteile weniger als 6 mm.

Bei der Untersuchung der Dübelarten und -werkstoffe stellten sich deutliche Einsatzschwerpunkte heraus. Der Riffeldübel, der einerseits preisgünstig hergestellt werden kann und andererseits aufgrund seiner Riffelkontur ein günstiges Verleimungsverhalten aufweist, zeigt eine Einsatzhäufigkeit von 83%. Für die Herstellung von Dübeln wird vorwiegend Rotbuche verarbeitet.

Der Riffeldübel aus Rotbuche stellt somit die zu betrachtende Dübelart bei der Entwicklung flexibler Dübelmontageverfahren dar.

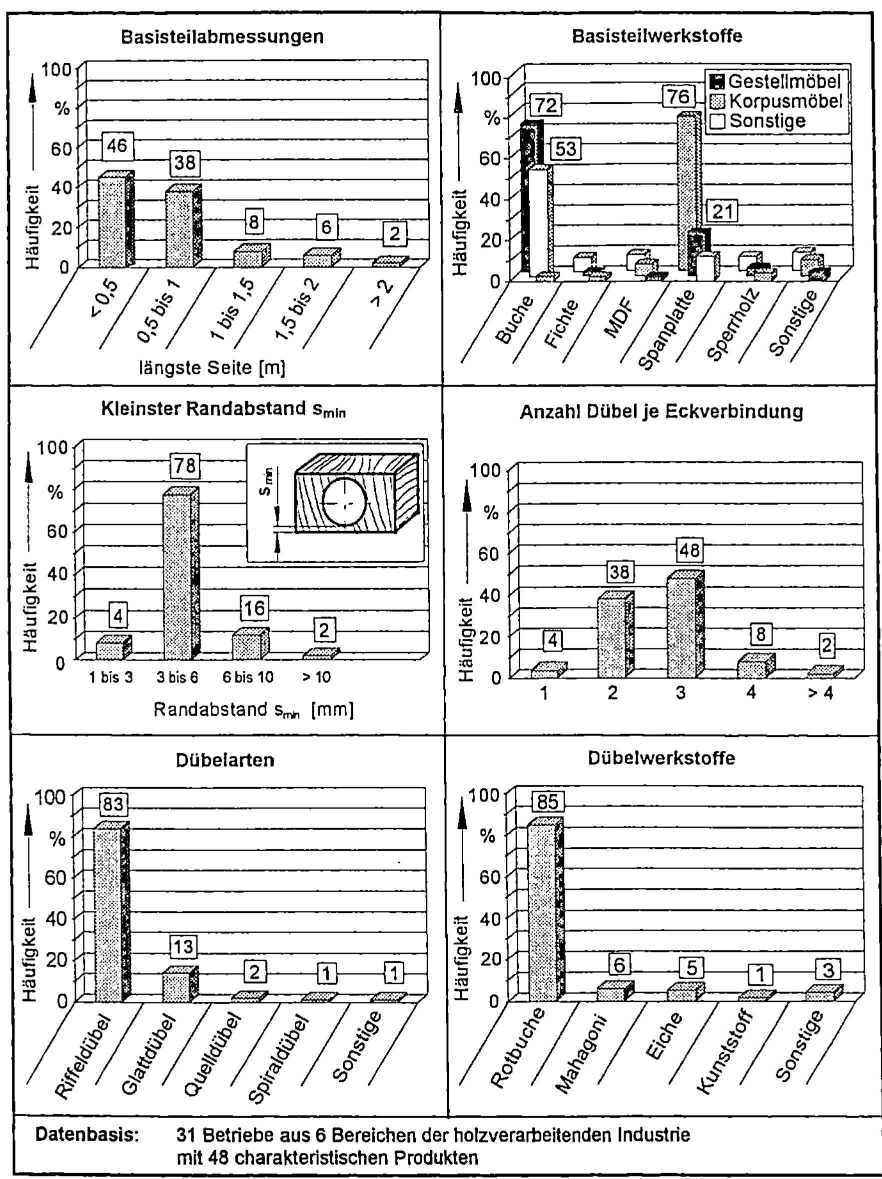

Datenbasis: 31 Betriebe aus 6 Bereichen der holzverarbeitenden Industrie mit 48 charakteristischen Produkten

<u>Bild 3.2:</u> Produktspezifische Kenngrößen bei charakteristischen Produkten

3.1.2 Geometrische Abmessungen von Holzdübeln

Zur Ermittlung der geometrischen Beziehungen an Riffeldübeln wurden bei den untersuchten Produkten die verwendeten Dübeldurchmesser und -längen, die Toleranzhaltigkeit der Dübel hinsichtlich Durchmesser und Länge sowie das Rundheitsprofil analysiert und in <u>Bild 3.3</u> zusammengefaßt. Zudem sind die in /MÜL-89/ beschriebenen Toleranzuntersuchungen bei Dübelverbindungen dargestellt.

Insgesamt nehmen die Dübeldurchmesser 8, 10 und 12 mm einen Mengenanteil von über 95% bei Dübellängen von 25 - 60 mm ein. Für den Gestellmöbelbau ergab sich, daß zu 75% Riffeldübel mit dem Durchmesser 12 mm im Längenbereich von 25 - 60 mm verarbeitet werden.

Bei der Analyse der Dübeltoleranzen stellte sich bei der Durchmesserbetrachtung eine stark elliptische Abweichung vom Nenndurchmesser heraus. Die elliptische Zylinderform ergibt sich aus dem Herstellverfahren für Riffeldübel (s. Bild 2.2). Nur ca. 60% der vermessenen Dübel lagen innerhalb der nach /DIN-89/ zulässigen Dübeltoleranz von $\pm 0,2$ mm. Die exemplarische Untersuchung des Rundheitsprofils zeigt eine Abweichung vom Kreisquerschnitt des Nenndurchmessers von bis zu $\pm 0,13$ mm. Der unzureichenden Toleranzhaltigkeit wird in der Praxis teilweise mit sog. Kalibriermatrizen begegnet /AYE-95/. Dabei wird der Dübel aufgrund seines elastisch-plastischen Werkstoffverhaltens auf einen Kalibrierdurchmesser verjüngt. In Verbindung mit dem Dispersionsmittel entstehen nach dem Fügeprozeß Druckspannungen infolge des Quellens, die aufgrund der Spannungsspitzen am Bohrlochrand häufig durch Entstehen eines Anrisses abgebaut werden /WER-93/. Die Ausbildung des Anrisses erfolgt aufgrund des Quellverhaltens oft erst Stunden nach dem Fügevorgang. Die Anforderungen an eine Dübelverbindung sind dabei nicht mehr sichergestellt.

Unter Berücksichtigung eines nach /ALB-91/ maximal zulässigen Übermaßes bei Dübelverbindungen von 0,5 mm sind in Abhängigkeit des Dispersionsklebstoffes Fügekräfte von bis zu 2000 N zu erwarten.

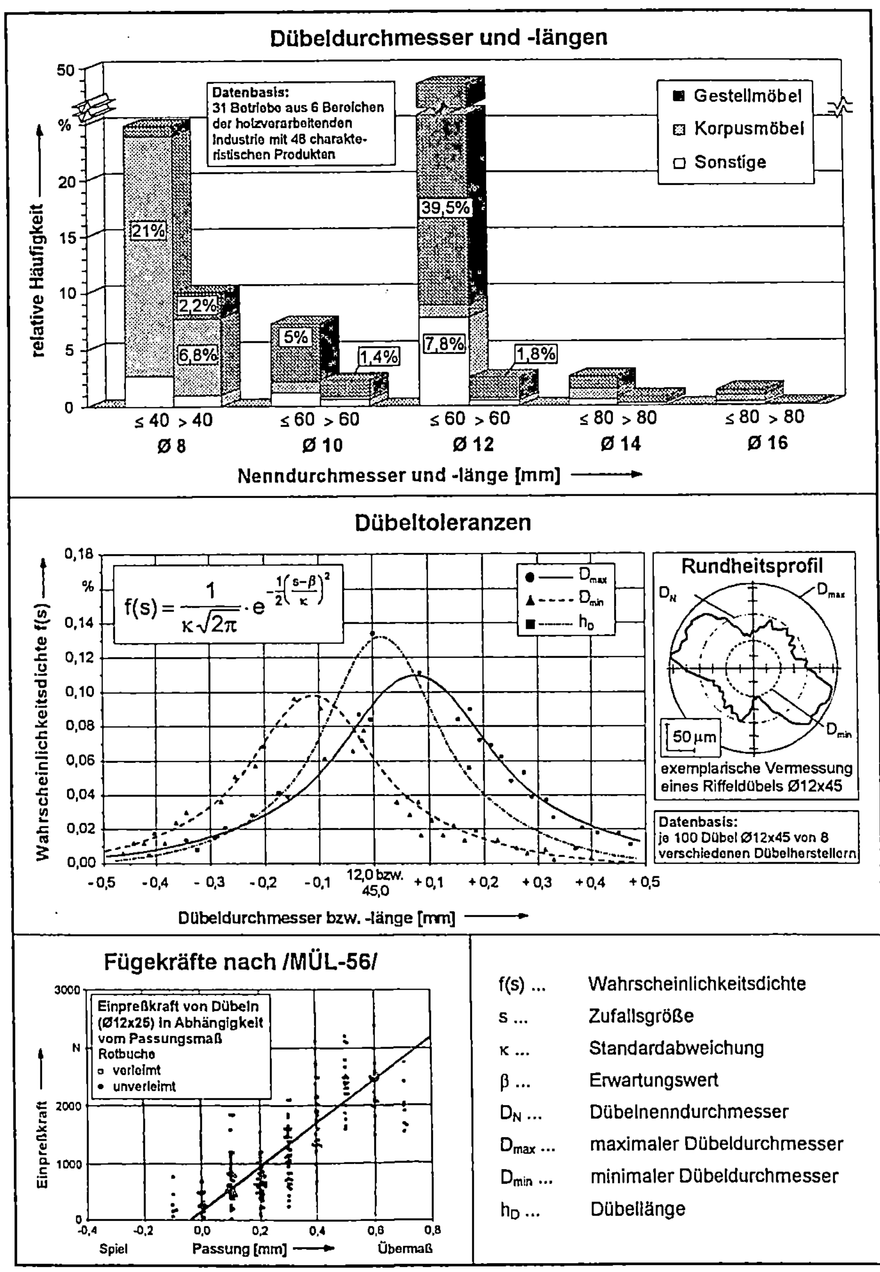

$$f(s) = \frac{1}{\kappa\sqrt{2\pi}} \cdot e^{-\frac{1}{2}\left(\frac{s-\beta}{\kappa}\right)^2}$$

<u>Bild 3.3:</u>   Geometrische Beziehungen am Riffeldübel

3.1.3   Analyse der Dispersionsklebstoffe

Eine ABC-Analyse der eingesetzten Dispersionsklebstoffe und deren Leimviskositäten anhand der Reihenfolge der Jahresverbrauchswerte ergab die in <u>Bild 3.4</u> dargestellte Verteilung.

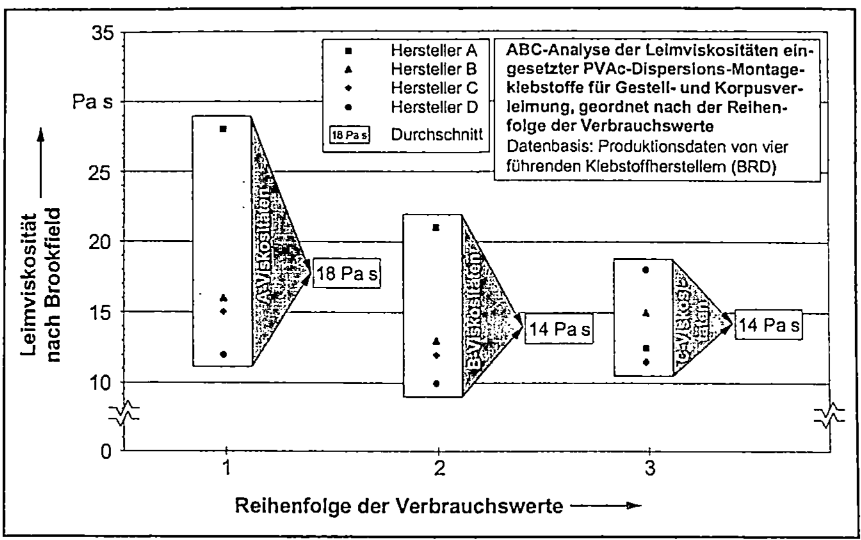

<u>Bild 3.4:</u>   Einsatzhäufigkeit der eingesetzten Dispersionsklebstoffe

Die A-Leimviskositäten der ABC-Analyse bezeichnen die A-Produkte der einzelnen Leimhersteller. Untersucht wurden Montageklebstoffe auf PVAc-Basis, die im Gestell- und Korpusmöbelbau Verwendung finden.

Die Viskositätsmessung erfolgte bei drei Leimherstellern mit einem Brookfield-viskosimeter /AST-91/, /AST-93/ und bei einem Hersteller mit dem Verfahren nach Epprecht /KUL-86/.

Infolge der Verwendung unterschiedlicher Rheometer zur Bestimmung der Viskositäten sind Umrechnungsfaktoren zum Vergleich der Viskositäten heranzuziehen. Die Umrechnung der Viskositätszahl hängt vom Füllgrad der Dispersion ab und kann für die A-Produkte mit 2 ... 2,5 : 1 angegeben werden. Damit ergibt sich die Viskositätszahl für den Durchschnittswert der A-Klebstoffe von 18.000 mPa s nach Brookfield zu ca. 8.000 mPa s nach Epprecht.

3.2 Analyse der Montageaufgabe bei der industriellen Dübelmontage

3.2.1 Montageaufgabe

Die Verrichtungen, die bei der Montage von Dübeln am Beispiel eines Polster-möbelgestells anfallen, sind in <u>Bild 3.5</u> dargestellt. Es wird deutlich, daß für die Arbeitsschritte Bohren, Dispersionsmittel einbringen/auftragen und Dübel fügen über die Hälfte (53%) der gesamten Montagezeit für die Gestellmontage benötigt wird.

Dieses Beispiel ist repräsentativ für die Dübelmontage in Klein- und Mittelserien und verdeutlicht den Rationalisierungsbedarf bei der Gestellmöbelherstellung. Das Handhaben der Basisteile und Dübel nimmt mit einem Gesamtmontagezeitanteil von 40% ebenfalls eine zentrale Bedeutung bei der Gestellmontage ein und hat je nach Auslegung der Gesamtanlage großen Einfluß auf deren Produktivität.

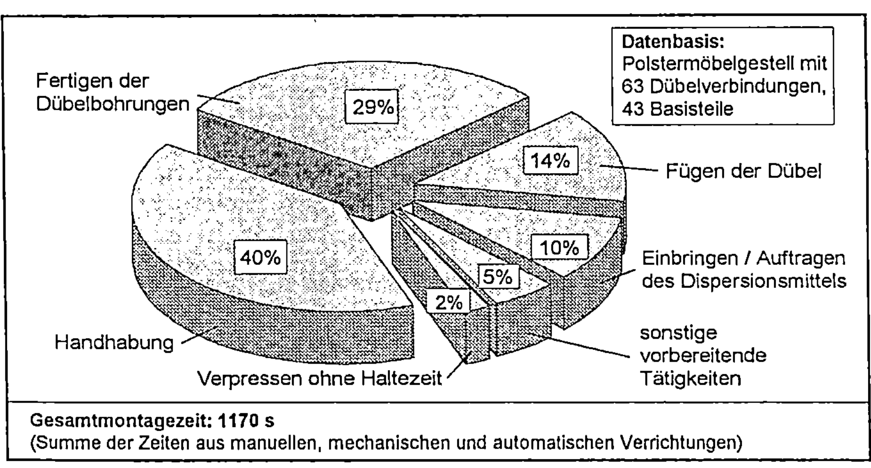

<u>Bild 3.5:</u> Montagezeiten bei der Montage eines Polstermöbelgestells

Um auch bei Dübeln mit Untermaß die geforderte Anfangsfestigkeit der Dübelver-bindung zu erhalten, werden die Dübelbohrungen teilweise bis zu 0,2 mm kleiner als Nennmaß gebohrt /TRI-90/, /BUM-80/.

3.2.2   Fügerichtungen

Die Fügerichtung des Einzeldübels wird durch die konstruktive Auslegung des Möbels bestimmt und stellt ein wesentliches Kriterium für die Automatisierung der Dübelmontage dar. Wie <u>Bild 3.6</u> zeigt, wurden beim Korpusmöbelbau Fügerichtungen analysiert, die zu 96% senkrecht zur Fügefläche standen. Raumschräge Dübelverbindungen und Dübel in Freiformflächen dagegen finden vorwiegend im Gestellmöbelbau mit einem Anteil von 33% Anwendung, gewinnen jedoch aufgrund der steigenden Designansprüche an Wohnmöbel laut Expertengesprächen sowohl im Gestell- als auch im Korpusmöbelbau zunehmend an Bedeutung.

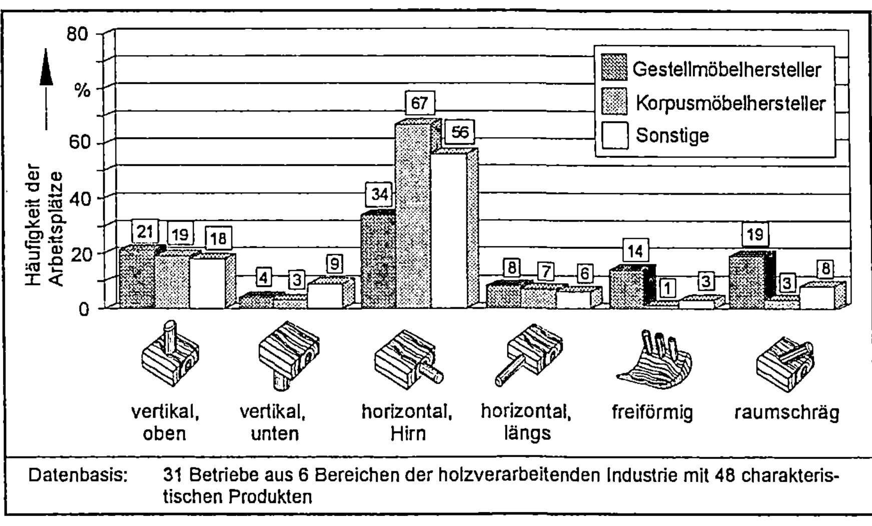

<u>Bild 3.6</u>:   Fügerichtungen bei der Dübelmontage

3.2.3   Automatisierungsgrad

Bei der Analyse von Dübelmontagearbeitsplätzen wurden die Verrichtungsabfolgen „Bohren", „Dispersionsmittel einbringen" und „Dübel fügen" erfaßt und hinsichtlich ihres Automatisierungsgrades ausgewertet. In <u>Bild 3.7</u> ist der Automatisierungsgrad je Verrichtung bei der Montage von Dübeln dargestellt.

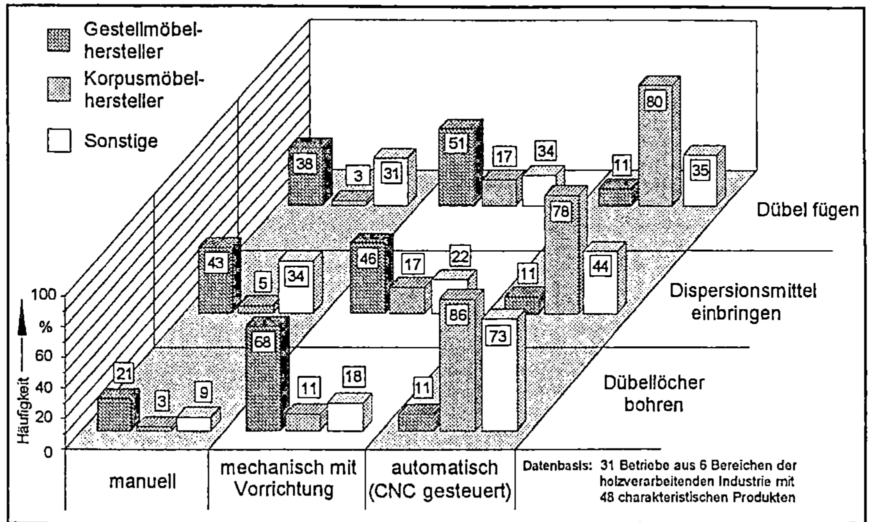

<u>Bild 3.7</u>:   Automatisierungsgrad bei der Montage von Holzdübeln

Bei der Herstellung von Korpusmöbeln sind für den Dübelmontageprozeß über 80% der untersuchten Arbeitsplätze mit CNC-gesteuerten Dübellochbohr- und -einpreß-maschinen ausgerüstet. Bei der Gestellmöbelherstellung dagegen waren 89% der Montageprozesse rein manuell oder mechanisch unterstützt mit Vorrichtungen aus-gelegt.

Die Bestückung und Abstapelung der Basisteile bei der CNC-gesteuerten Dübel-montage erfolgte bei allen untersuchten Arbeitsplätzen im Gestellmöbelbau manuell.

3.2.4   Automatisierungshemmnisse

Zur Ermittlung der Automatisierungshemmnisse bei der Herstellung von Dübelver-bindungen wurde im Rahmen der Repräsentativumfrage nach Gründen gefragt, die eine Automatisierung behindern. In <u>Bild 3.8</u> sind die wesentlichen organisatorischen, wirtschaftlichen und technischen Automatisierungshemmnisse zusammengefaßt.

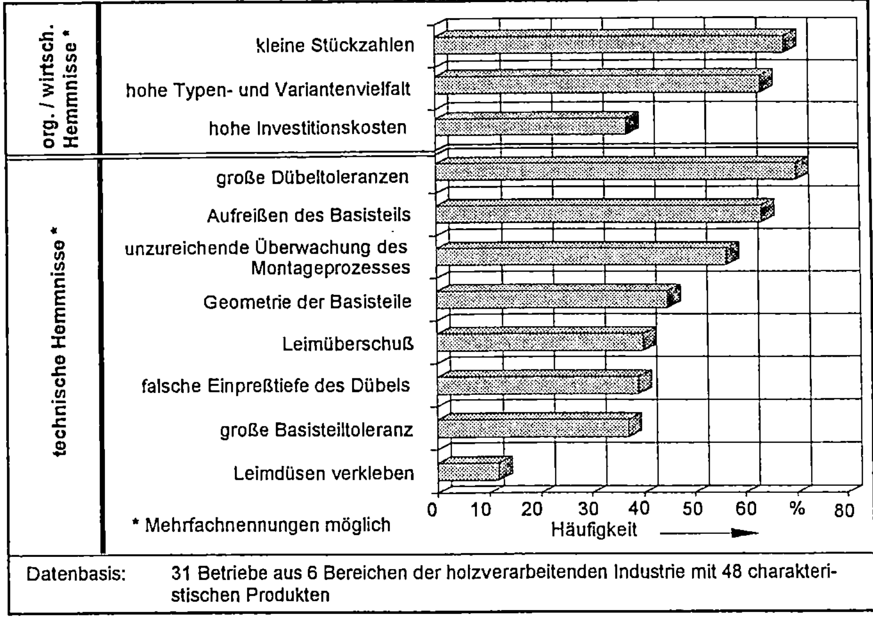

<u>Bild 3.8:</u>   Automatisierungshemmnisse bei der Montage von Holzdübeln

Kleine Stückzahlen und eine hohe Typen- und Variantenvielfalt aufgrund steigender Kundenanforderungen waren die am häufigsten genannten Automatisierungshemmnisse im organisatorischen/wirtschaftlichen Bereich. Als technische Hemmnisse wurden insbesondere die unzureichenden Dübeltoleranzen, das Aufreißen der Basisteile und die mangelnde Überwachung des Montageprozesses hervorgehoben. Der Einfluß der Dübeltoleranzen bei Untermaß wirkt sich besonders negativ beim Verpressen der Basisteile zu Baugruppen aus, da noch vor dem Abbinden des Dispersionsmittels eine mechanische Anfangsfestigkeit an die Dübelverbindungen gefordert wird, um die verpreßten Baugruppen sofort nach dem Fügeprozeß aus der Preßvorrichtung entnehmen zu können /SCH-92/.

Nicht toleranzhaltige Dübel mit Übermaß führen aufgrund der höheren Druckspannungen beim Fügen oder beim darauf folgenden Quellen zur Rißausbildung am Basisteil.

3.3 Folgerungen aus den Analyseergebnissen und Ableitung von Untersuchungs- und Entwicklungsschwerpunkten für die Montage von Riffeldübeln im Gestellmöbelbau

Aus der durchgeführten Analyse wird deutlich, daß vor allem bei der überwiegend serienbezogenen Gestellmöbelherstellung ein großes Rationalisierungspotential bei der Montage von Holzdübeln vorliegt. Die hohe Typen- und Variantenvielfalt in Verbindung mit unterschiedlichen Fügerichtungen in dieser Branche erfordert neue Automatisierungslösungen bei der Montage von Holzdübeln, mit der eine Produktivitätssteigerung in diesem Montagebereich erreicht werden kann. Aufgrund der Tatsache, daß der Riffeldübel nach /DIN-89/ mit 83% Anwendungshäufigkeit die dominierende Stellung bei der Herstellung von Dübelverbindungen einnimmt, ergibt sich die Forderung nach der systematischen Entwicklung von Konzepten und Werkzeugen zur flexibel automatisierten Montage von Riffeldübeln aus Rotbuche.

Es müssen Verfahren und Systeme entwickelt werden, mit denen die größten Automatisierungshemmnisse und Schwachstellen bei der Montage von Riffeldübeln beseitigt werden können. Abgeleitet aus der Analyse ergeben sich aus <u>Bild 3.9</u> folgende Untersuchungs- und Entwicklungsschwerpunkte:

- Entwicklung eines Dübelmontagewerkzeugs unter besonderer Berücksichtigung von montageprozeßspezifischen Randbedingungen,
- Entwicklung von Verfahren zur Ermittlung der geometrischen Verhältnisse am Riffeldübel und Basisteil zur Generierung der Parameter für den Fügeprozeß,
- Entwicklung von Verfahren zur Prozeßüberwachung als Kontrolle des Fügeergebnisses und zur Qualitätssicherung,
- Untersuchung der auf den Fügevorgang einwirkenden Prozeßparameter zur Erzeugung reproduzierbarer Fügeergebnisse,
- Entwicklung von Hilfsmitteln zur Vorausberechnung der wichtigsten Montageprozeßparameter.

Unter Beachtung der Zielsetzung werden die peripheren Systembereiche nicht näher betrachtet, da sie vom Stand der Technik abgeleitet werden können.

Teilfunktionen				
Werkzeuge – aufnehmen – positionieren – Bohr- u. Fügekoord. abfahren **Basisteile** – handhaben	**Dübel in Basisteil montieren** – Dübelbohrung herstellen u. Späne absaugen – Dispersionsmittel zuführen u. dosieren – Dübel bereitstellen – Dübel fügen	**Prozeßparameter generieren** – geometr. Merkmale des Fügeteils erfassen – geometr. Merkmale des Basisteils erfassen – werkstoffspez. Merkmale von Füge- und Basisteil erfassen – physikalische Werkstoffkennwerte des Dispersionsmittels erfassen	**Prozeßparameter gewährleisten u. überwachen** – Bohr- u. Fügeweg gewährleisten – Bohr- u. Fügekraftverlauf überwachen – Störfallstrategien ausführen	**Basisteil** – speichern – weitergeben – positionieren – spannen **Fügeteil** – speichern – orientieren – ordnen – zuteilen **Dispersionsmittel** – speichern – zuteilen **Verpressen der Basisteile zu Baugruppen** **Absaugung**
Systembereiche	Handhabungs- u. Positioniersystem	Dübelmontagewerkzeug	Prozeßüberwachung	Peripherie

Gesamtsystem zur flexibel automatisierten Montage von Holzdübeln

▓ : Systembereiche mit Entwicklungsbedarf   ▢ : Stand der Technik

<u>Bild 3.9:</u>   Untersuchungs- und Entwicklungsbedarf

3.4   Anforderungen an flexible Systeme zur Montage von Riffeldübeln

Die für das Gesamtsystem angestellten Betrachtungen beziehen sich auf die Holzdübelmontage an Basisteilen im Gestellmöbelbau und stellen die Abgrenzung innerhalb des Gesamtmontageprozesses dar, der weitere Montageschritte, wie z. B. Montage der Basisteile zu Baugruppen, Kaschieren, Polstern, Montage von Beschlägen, Scharnieren etc., enthält.

3.4.1   Anforderungen an das Gesamtsystem

Ausgehend von den Analyseergebnissen und weiteren Überlegungen hinsichtlich künftiger Marktveränderungen sind in <u>Bild 3.10</u> die wichtigsten Anforderungen an flexible Gesamtsysteme zur Montage von Riffeldübeln zusammengefaßt.

> ☐ hohe Produktflexibilität (Bauteile-, Dübelabmessungen, Verarbeitungs-
> parameter, automatisches Rüsten)
>
> ☐ universelle, produktneutrale Teilsysteme
>
> ☐ systemintegrierte Prozeßüberwachung
>
> ☐ Verwendung von Standardkomponenten
>
> ☐ hohe Verfügbarkeit

<u>Bild 3.10:</u>   Anforderungen an ein Gesamtsystem zur flexibel automatisierten Montage von Riffeldübeln

3.4.2   Anforderungen an das Handhabungs- und Positioniersystem

Die für den Montageprozeß erforderlichen Werkzeuge müssen von einem Handhabungsgerät mit geeigneter Anschlußschnittstelle aufgenommen, im Arbeitsraum verfahren und positioniert werden. Entsprechend den Toleranzvorgaben bei der Montage von Möbelprodukten sind die Bohrkoordinaten positionsgenau anzufahren und während des Fügeprozesses beizubehalten. In <u>Bild 3.11</u> sind die Anforderungen, die an ein Handhabungssystem zur flexiblen Montage von Holzdübeln gestellt werden, zusammengefaßt.

> ☐ hohe Flexibilität bez. Fügerichtung
>
> ☐ Abstützen von Kräften ($F \leq 2$ kN) und Momenten in x-, y- und z-Richtung
>
> ☐ hohe statische und dynamische Steifigkeit
>
> ☐ Positioniergenauigkeit $\pm\,0{,}1$ mm
>
> ☐ hohe Bahngeschwindigkeit
>
> ☐ Verarbeitung externer Meß- und Sensorsignale über I/O-Module sowie über parallele und serielle Schnittstellen
>
> ☐ Arbeitsraumradius horizontal ≥ 1500 mm

<u>Bild 3.11:</u>   Anforderungen an das Handhabungs- und Positioniersystem

3.4.3   Anforderungen an das Dübelmontagewerkzeug

Als zentrales Teilsystem innerhalb der Gesamtanlage nimmt das Dübelmontagewerkzeug alle für den Fertigungsprozeß „Dübeln" (Herstellen der Dübelbohrung, Einbringen des Dispersionsklebstoffs und Fügen des Dübels) notwendigen Subsysteme auf. Durch die Integration der Subsysteme in das Dübelwerkzeug wird die positionsunabhängige Fertigung der Dübelverbindung am Basisteil gewährleistet. In <u>Bild 3.12</u> sind die Anforderungen an ein Dübelmontagewerkzeug aufgeführt.

☐ Integration der Teilsysteme

  - Bohrsystem

  - Vorschubsystem

  - Absaugsystem

  - Dispensersystem

  - System zur Bereitstellung von Holzdübeln

  - Fügesystem

☐ frei programmierbare, reproduzierbare Einstellung der Verarbeitungsparameter

☐ Herstellen raumschräger Dübelverbindungen

☐ Erzeugung und Aufnahme der erforderlichen Zerspanungs- und Fügekräfte

☐ kurze Montagezeit

☐ Verarbeiten von mindestens zwei unterschiedlichen Dübelnenndurchmessern und -längen

☐ kompakte Bauweise, geringes Gewicht (< 15 kg)

<u>Bild 3.12:</u>   Anforderungen an das Dübelmontagewerkzeug

3.4.3.1   Bohr- und Fügesystem

Ein im Dübelmontagewerkzeug integriertes Bohrsystem bildet die grundlegende Voraussetzung für einen rationellen Dübelmontageprozeß. Neben einem Rotationsantrieb, der die Werkzeugaufnahme zusammen mit dem Bohrwerkzeug antreibt, muß die Möglichkeit zum Bohren von Löchern unterschiedlicher Durchmesser vorgesehen werden. Weiterhin muß eine Steuerung des Bohrvorgangs hinsichtlich der wichtigsten Zerspanungsprozeßparameter sowie eine geeignete Absaugung der Späne gefordert werden. Nach dem Bohren der Dübelbohrung und Zugabe des Dispersionsklebstoffs bildet das Fügen des Dübels in das Basisteil den Abschluß des Montageablaufs. Die erforderliche Anlagenflexibilität hinsichtlich Produktspektrum und Fügekrafterzeugung beeinflußt das Fügesystem maßgeblich. Die wichtigsten Anforderungen an dieses Teilsystem sind in <u>Bild 3.13</u> formuliert.

☐ Rotationsantrieb mit

  - Nenndrehmoment ≥ 1 Nm /LEU-73/

  - Drehzahl: 3000 ... 9000 1/min /LEU-73/

  - Aufnahme für mindestens zwei Bohrwerkzeuge

  - lineare Vorschubeinheit, Vorschubgeschwindigkeit: 0,01 ... 1 m/s

☐ Absaugen der Holzspäne und des Holzstaubes unmittelbar während des
Bohrprozesses

☐ Prozeßsteuerung und -überwachung (Vorschubweg, Vorschubgeschwindigkeit, Bohrungsdurchmesser, Fügekräfte und -wege)

☐ Aufnahme der statischen und dynamischen Reaktionskräfte

☐ raumschräges Fügen der Dübel

☐ Verarbeitung von mindestens zwei unterschiedlichen Dübelnenndurchmessern und -längen

☐ kompakte Bauweise

Bild 3.13:   Anforderungen an das Bohr- und Fügesystem

3.4.3.2   Dispensersystem

Leimeinbringungssysteme für Dübelbohrungen mit entsprechenden Dosiersystemen
sind Stand der Technik. Zusätzliche Anforderungen, die im Rahmen einer flexibel
automatisierten Dübelmontage an Dispensersysteme gestellt werden, sind in
Bild 3.14 zusammengefaßt.

☐ geeignete Anordnung des Dispensermoduls (Positionierung des
Dispersionsklebstoffes)

☐ flexible Mengendosierung in Abhängigkeit der Fügeprozeßparameter

☐ spritzstrahl- und raupenförmiger Dispersionsmittelauftrag

☐ Verarbeitung unterschiedlicher Viskositäten (100 ... 10000 mPa s; bei
Viskositätsmessung nach Epprecht)

☐ unempfindlich gegen Verschmutzungen (Späne, Staub)

☐ geringer Reinigungsaufwand

Bild 3.14:   Anforderungen an das Dispensersystem

3.4.3.3   System zur Bereitstellung und Speicherung von Riffeldübeln

Die definierte Orientierung und Positionierung des Riffeldübels bildet die Basis für einen optimalen Fügeprozeß. Das Bereitstellungssystem läßt sich in eine werkzeugexterne und eine werkzeuginterne Bereitstellung der Riffeldübel unterteilen. Für die werkzeugexterne Bereitstellung sind handelsübliche Komponenten verfügbar, wie z. B. Vibrationswendel- oder Schwenkebenenförderer, auf die hier nicht eingegangen werden soll. In Bild 3.15 sind die Anforderungen aufgeführt, die an eine werkzeuginterne Bereitstellung gestellt werden. Sie übernimmt alle Positionier- und Bewegungsabläufe des Riffeldübels innerhalb des Dübelmontagewerkzeugs.

❏ Speichern, Ordnen und Vereinzeln der Holzdübel

❏ ausreichende Beschickungsleistung (1 Dübel/s)

❏ Erhaltung der Orientierung des Dübels während des Fügens beim raumschrägen Dübeln

❏ störunanfällig gegenüber Dübeltoleranzen

❏ große Durchmesserflexibilität

❏ hohe Verfügbarkeit

❏ geringe Baugröße

Bild 3.15:   Anforderungen an das System zur Bereitstellung von Holzdübeln

3.4.4   Anforderungen an Systeme zur Generierung der Prozeßparameter am Basis- und Fügeteil

Für den Fügeprozeß sind der Produktzustand des Basisteils sowie die aus der Analyse detektierten Dübelherstellungstoleranzen und Oberflächenkonturen am Fügeteil von entscheidender Bedeutung. Der Riffeldübel ist unter werkstoff- und produktionstechnischen Gesichtspunkten nicht zuverlässig innerhalb der vorgegebenen Toleranzgrenzen nach /DIN-89/ herzustellen. Hinzu kommt, daß infolge von Quellungs- und Schwindungseinflüssen auch nach der Dübelherstellung weitere Veränderungen der Istabmaße am Riffeldübel entstehen. Die Erfassung und Messung der Geometriedaten am Füge- und Basisteil ermöglicht eine prozeßoptimierte Parametrierung des Fügeprozesses. Die Anforderungen, die an solche Systeme zur Produktzustandserkennung gestellt werden, sind in Bild 3.16 aufgeführt.

Basisteil:

❑ Erkennung bzw. Messung von Teileanwesenheit, Lage, Orientierung und Koordinatenursprung

❑ Flexibilität bez. Basisteilgeometrie

❑ hinreichend genaue Erfassung des Bohrungsdurchmessers auf $\pm 0,05$ mm

Fügeteil (Dübel):

❑ Messung von Dübeldurchmesser und -länge mit einer Genauigkeit von $\pm 0,05$ mm

❑ Flexibilität bez. Dübellänge (25 mm $\leq h_D \leq$ 60 mm)

❑ hinreichend genaue Erfassung der Riffelkontur auf $\pm 0,05$ mm

Basis- und Fügeteil:

❑ Flexibilität bez. Dübeldurchmesser (8 mm $\leq D_N \leq$ 12 mm)

❑ kurze Meßzeit

❑ Schnittstelle zum Prozeßrechner

<u>Bild 3.16:</u>　Anforderungen an das System zur Ermittlung der geometrischen Merkmale am Basis- und Fügeteil

3.4.5　Anforderungen an Systeme zur Prozeßüberwachung

Der Prozeßüberwachung kommt aufgrund der angestrebten hohen Produktflexibilität sowie der holzwerkstoffspezifischen und geometrischen Einflußfaktoren eine besondere Bedeutung zu. Die grundsätzlichen Anforderungen an diese Systeme sind in <u>Bild 3.17</u> erörtert.

❑ Überwachung des vorgegebenen Bohr- und Fügewegs auf $\pm$ 0,05 mm Genauigkeit

❑ Überwachung der vorgegebenen Verarbeitungsparameter mit größtmöglicher Genauigkeit

❑ Überwachung des Bohr- und Fügekraftverlaufs innerhalb vorgegebener Grenzen

❑ Unterscheidung und Klassifizierung von Störfällen

❑ Realisierung von Störfallstrategien

❑ Möglichkeit der Prozeßdokumentation

<u>Bild 3.17:</u>　Anforderungen an das Prozeßüberwachungssystem

4 Konzeption von Systemen zur automatisierten Montage von Riffeldübeln

4.1 Randbedingungen bei der Systemkonzeption

Die Konzeption flexibel automatisierter Systeme zur Montage von Riffeldübeln ist von unterschiedlichen Einflußfaktoren abhängig. In <u>Bild 4.1</u> sind die wichtigsten Faktoren bez. einer Systemkonzeption zusammengefaßt.

Basisteilbezogen	Fügeteilbezogen	Montageprozeß-bezogen	Produktbezogen

• Werkstückspektrum
  - Abmaße
  - Werkstoff
  - Gewicht
  - Zugänglichkeit
 	
• Konstruktive Aus-
  legung der Ver-
  bindungstechnik
  - Anzahl der
    Verbindungen
  - Anordnung der
    Verbindungen
  - Randabstand
	• Durchmesser- und
	  Längenspektrum
	
	• Toleranzen
	
	• Riffelgeometrie
	
	• Fasenausführung
	
	• Zuführung und
	  Bereitstellung
		• Bohr- und Füge-
		  prozeß
		  - Bohr- und Füge-
		    richtung
		  - Kräfte u. Momente
		  - Dispersionsmittel
		
		• Techn. Aufwand
		
		• Prozeßzeit
		
		• Umrüstflexibilität
		
		• Automatisierbarkeit
		
		• Prozeßüberwachung
			• Produktaufbau
			  - Typen- und
			    Variantenvielfalt
			  - Losgröße
			  - Stückzahl
			  - Handhabung
			
			• Vorhandene Be-
			  triebsmittel
			
			• Produktflexibilität
			
			• Ausbringung

<u>Bild 4.1:</u> Einflußfaktoren bei der Konzeption flexibel automatisierter Systeme zur Montage von Riffeldübeln

Das Gesamtsystem wird dabei im wesentlichen durch den konstruktiven Aufbau des Produkts in Verbindung mit der geforderten Systemflexibilität bez. der hohen Typen- bzw. Variantenvielfalt und der Ausbringungsleistung bestimmt. Die durchzuführenden Abläufe, die beim Montageprozeß von Riffeldübeln bei der Gestellmöbelmontage anfallen, unterscheiden sich hauptsächlich durch das zu verarbeitende Dübelspektrum, die erforderlichen Fügerichtungen und -kräfte sowie die zusätzlichen Montageinhalte für die Herstellung von Baugruppen aus den Basisteilen.

4.2 Alternative Lösungskonzepte für das Gesamtsystem

4.2.1 Einplatzsysteme

Ein Einplatzmontagesystem besteht in Anlehnung an Bild 3.9 aus Bereitstellungs-
einheiten für Basisteile, Fügeteile und Dispersionsmittel, Spanneinrichtung oder
Werkstückträger für Basisteile, Dübelbohr- und -fügewerkzeug und Pressenmodul.
Als zentrale Handhabungseinrichtung wird vorzugsweise ein Industrieroboter eingesetzt. Bild 4.2 zeigt das Layout eines konzeptionellen Einplatzmontagesystems zur
flexibel automatisierten Dübelmontage am Beispiel eines Gestellmöbels sowie die
erreichbare Ausbringung an Basisteilen A_{BT} bei hauptzeitparalleler Betrachtung des
Verpressens für die Baugruppenmontage in der Gestellpresse.

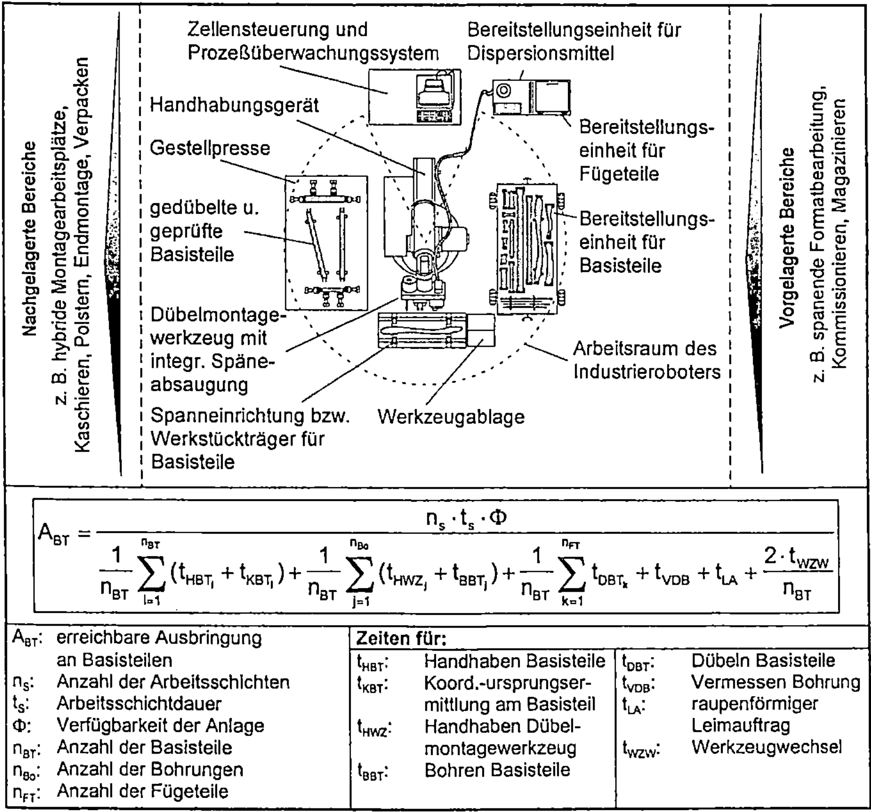

$$A_{BT} = \frac{n_s \cdot t_s \cdot \Phi}{\dfrac{1}{n_{BT}}\displaystyle\sum_{l=1}^{n_{BT}}(t_{HBT_l} + t_{KBT_l}) + \dfrac{1}{n_{BT}}\displaystyle\sum_{j=1}^{n_{Bo}}(t_{HWZ_j} + t_{BBT_j}) + \dfrac{1}{n_{BT}}\displaystyle\sum_{k=1}^{n_{FT}}t_{DBT_k} + t_{VDB} + t_{LA} + \dfrac{2 \cdot t_{WZW}}{n_{BT}}}$$

		Zeiten für:			
A_{BT}:	erreichbare Ausbringung an Basisteilen	t_{HBT}:	Handhaben Basisteile	t_{DBT}:	Dübeln Basisteile
n_S:	Anzahl der Arbeitsschichten	t_{KBT}:	Koord.-ursprungser-	t_{VDB}:	Vermessen Bohrung
t_S:	Arbeitsschichtdauer		mittlung am Basisteil	t_{LA}:	raupenförmiger
Φ:	Verfügbarkeit der Anlage	t_{HWZ}:	Handhaben Dübel-		Leimauftrag
n_{BT}:	Anzahl der Basisteile		montagewerkzeug	t_{WZW}:	Werkzeugwechsel
n_{Bo}:	Anzahl der Bohrungen	t_{BBT}:	Bohren Basisteile		
n_{FT}:	Anzahl der Fügeteile				

Bild 4.2: Einplatzmontagesystem zur flexibel automatisierten Dübelmontage bei
Gestellmöbeln

Eine Übersicht über alternative Konzeptprinzipien von Einplatzmontagesystemen sowie eine Nutzwertanalyse zur Bewertung der Einsetzbarkeit zeigt __Bild 4.3__.

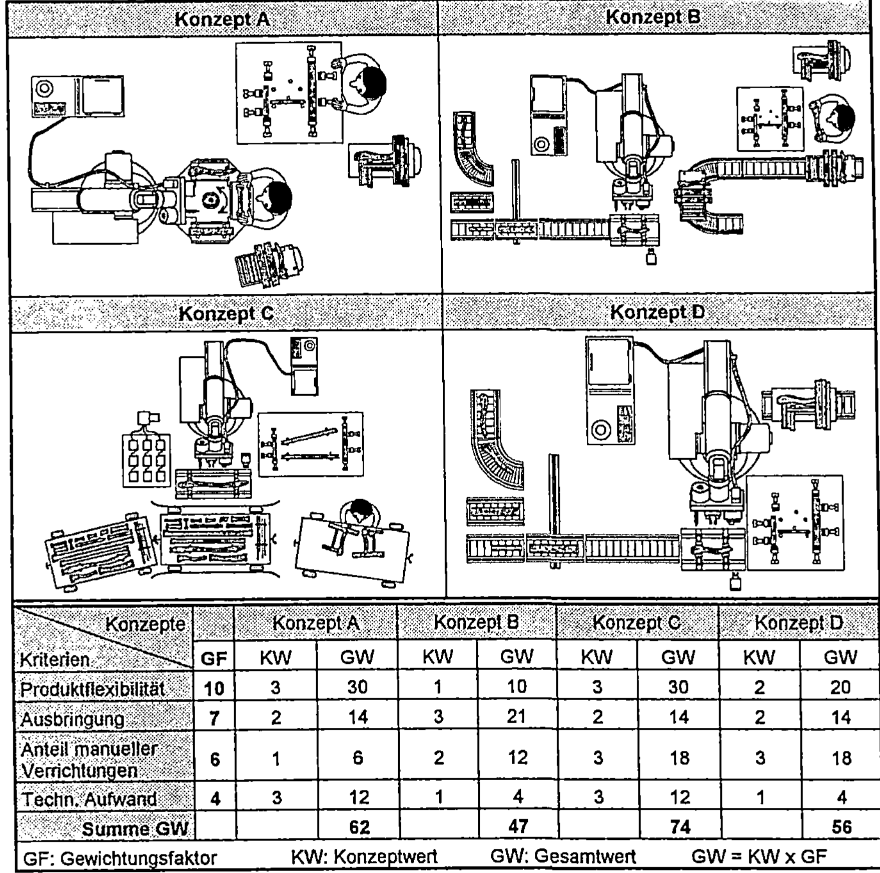

Konzepte		Konzept A		Konzept B		Konzept C		Konzept D	
Kriterien	GF	KW	GW	KW	GW	KW	GW	KW	GW
Produktflexibilität	10	3	30	1	10	3	30	2	20
Ausbringung	7	2	14	3	21	2	14	2	14
Anteil manueller Verrichtungen	6	1	6	2	12	3	18	3	18
Techn. Aufwand	4	3	12	1	4	3	12	1	4
Summe GW			62		47		74		56
GF: Gewichtungsfaktor		KW: Konzeptwert			GW: Gesamtwert			GW = KW x GF	

__Bild 4.3:__ Nutzwertanalyse alternativer Konzepte von Einplatzsystemen

Die für die Bewertung ausschlaggebenden Lösungsprinzipien unterscheiden sich in der Bereitstellung und Zuführung der Basisteile zum Handhabungsgerät und zur Gestellpresse. Konzept C zeichnet sich bei gleichzeitig hoher Produktflexibilität und geringem Anteil an manuellen Verrichtungen durch eine gute Ausbringungsleistung bei vergleichbar geringem technischen Aufwand aus.

4.2.2 Mehrplatzsysteme

Wird bei steigender Stückzahl an Basisteilen bzw. steigender Basisteilezahl je End-
produkt die erforderliche Ausbringung nicht mehr erreicht, müssen die Hand-
habungs- und Verrichtungsvorgänge auf mehrere Arbeitsstationen verteilt werden.
Bei Mehrplatzsystemen kann in Parallelsysteme, bei denen mehrere Handhabungsgeräte parallel gleiche Arbeitsinhalte an verschiedenen Basisteilen vornehmen, und
Liniensysteme, bei denen der Arbeitsumfang am einzelnen Werkstück auf mehrere
Handhabungsgeräte verteilt wird, unterschieden werden.

Die Auswahl des geeigneten Konzeptes muß auf das jeweilige Produktspektrum und
auf die Produktionskenngrößen wie Stückzahl, Losgröße usw. ausgerichtet und entsprechend detailliert /WÖS-93/ werden.

4.2.3 Abgrenzung des Gesamtsystems

Entsprechend den Erkenntnissen aus der Analyse und den in Bild 3.9 ausgearbei-
teten Entwicklungsaufgaben sind für die flexibel automatisierte Dübelmontage folgende Teilsysteme am Gesamtsystem erforderlich und bilden demnach den Schwerpunkt der konzeptionellen Auslegungen:

- Handhabungs- und Positioniersystem für das Dübelmontagewerkzeug
- Dübelmontagewerkzeug mit den Subsystemen
  - Bohr- und Fügesystem
  - Dispensersystem
  - Bereitstellungs- und Speichersystem für Riffeldübel im Montagewerkzeug
- Systeme zur Generierung der Prozeßparameter am Basis- und Fügeteil
- Systeme zur Überwachung der Prozeßparameter

4.3 Lösungskonzepte für das Handhabungs- und Positioniersystem

In Übertragung und Erweiterung der aus der flexibel automatisierten Montage bekannten Konzepte für Industrieroboterwerkzeuge /DRE-94/, /WÜR-92/, /SCH-95b/, sind in <u>Bild 4.4</u> alternative Konzepte zur Handhabung und Positionierung des Dübelmontagewerkzeugs bewertend gegenübergestellt. Aufgrund der aus der Analyse abgeleiteten Anforderungen hinsichtlich Produktflexibilität, Flexibilität bez. der Fügerichtungen und der zu erwartenden Prozeßkräfte beim Fügen /MÜL-89/ ist der Einsatz eines Vertikalknickarmroboters zu priorisieren.

Lösungskonzept	A	B	C	D	E
Wirkprinzip / Bewertungskriterien					
Bohrvorschub und Fügekrafterzeugung durch	IR	DMWZ am IR	DMWZ am IR	DMWZ am IR	ortsfestes DMWZ; Zuführung des BTs mit IR
Kraft- und Momentenabstützung über	IR	IR	C-Bügel	periphere Einrichtung	Stationärmaschine
Techn. Aufwand	70%	100%	120%	130%	150%
Auswirkungen der Reaktionskräfte auf Prozeßtoleranzen	groß	gering	sehr gering	gering	sehr gering
Prozeßzeit	mittel	klein	klein	groß	klein
Flexibilität bez. Fügeort und Fügerichtung	flexibel	flexibel	unflexibel	unflexibel	rüstflexibel
Gesamtsteifigkeit	○	◑	●	◑	●
Eignung für Prozeßüberwachung	○	●	●	◑	◑

BT: Basisteil   IR: Industrieroboter   F: Prozeßkraft   DMWZ: Dübelmontagewerkzeug

● sehr gut   ◑ gut   ○ schlecht   ┼─► Bewegungsrichtungen

<u>Bild 4.4:</u> Lösungsalternativen zur Handhabung und Positionierung des Dübelmontagewerkzeugs

Während die Lösungsvariante A den Bohrvorschub und die Fügekrafterzeugung bei verhältnismäßig geringem technischen Aufwand durch den Roboter ermöglicht, sind jedoch negative Auswirkungen hinsichtlich der Prozeßtoleranzen insbesondere beim Bohren zu erwarten. Demgegenüber sind in den Lösungskonzepten B bis E die Vorschub- und Fügesysteme im Dübelmontagewerkzeug integriert, was zu kurzen Taktzeiten und geringen Prozeßtoleranzen führt.

Bei der Verwendung eines ortsfesten Dübelmontagewerkzeugs (Konzept E), das beispielsweise in rüstflexiblen Stationärmaschinen eingesetzt wird, übernimmt das Handhabungsgerät ausschließlich die Handhabungsverrichtungen an den Basisteilen. Insbesondere beim Einsatz mehrerer Werkzeugmoduln sind zwar einerseits kurze Prozeßzeiten möglich, andererseits stehen diesem Konzept mangelnde Flexibilität und hohe Investitionskosten gegenüber.

Eine Kraft- und Momentenabstützung über das Handhabungsgerät bei im Dübelmontagewerkzeug integrierter Bohrvorschubs- und Fügekrafterzeugung ermöglicht den weitgehenden Verzicht auf zusätzliche Werkzeugperipherien und stellt eine kostengünstige und gleichzeitig hochflexible Variante dar (Konzept B). Aufgrund der großen Anzahl an Werkzeugfreiheitsgraden eignet sich dieses Konzept besonders für raumschräge und plattenförmige Basisteile bei beliebigen Fügeorten und -richtungen.

4.4 Lösungskonzepte für das Dübelmontagewerkzeug

4.4.1 Bohr- und Fügesystem

Aufgrund der in Kapitel 3 abgeleiteten Anforderungen an ein Dübelmontagewerkzeug ist die Kombination von Bohr- und Fügesystem für eine rationelle Dübelmontage unumgänglich. Dabei ist die Anordnung des Vorschubsystems und die hieraus resultierenden Kräfte und Momente auf das Handhabungssystem von zentraler Bedeutung.

Im Hinblick auf die notwendige Prozeßüberwachung für den Bohr- und Fügeprozeß sind pneumatische Vorschubeinheiten nicht geeignet. Elektrische Vorschubantriebe weisen gegenüber hydraulischen hinsichtlich Gewicht und Baugröße Nachteile auf. Der Bohrspindelantrieb dagegen ist vorzugsweise elektrisch auszulegen, um das geforderte Drehzahlfeld abdecken zu können.

Alternative Lösungskonzepte sowie die für die Auslegung des Bohr- und Füge-systems entscheidenden Kriterien sind in <u>Bild 4.5</u> zusammengefaßt.

Lösungskonzept	A	B	C	D
Wirkprinzip Bewertungs-kriterien	Schwenksystem horizontal	Schwenksystem rotatorisch	Verfahrsystem translatorisch	Revolverkopf-system
Techn. Aufwand für Kinematik	100%	100%	130%	50%
Zykluszeit	4 ... 6 s	3 ... 5 s	4 ... 6 s	2 ... 4 s
Durchmesser-flexibilität	◐	◐	◐	●
Momenten-belastung im Roboterflansch	$\sum M \neq 0$	$\sum M \neq 0$	$\sum M \neq 0$	$\sum M = 0$
Gewicht	◐	◐	○	●
Baugröße	○	◐	○	●

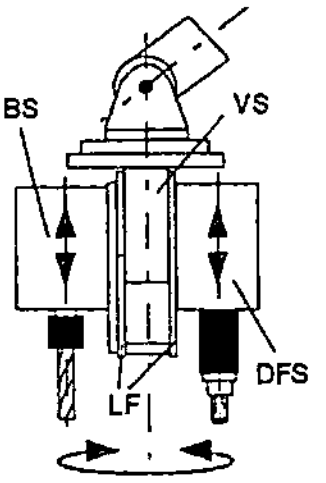

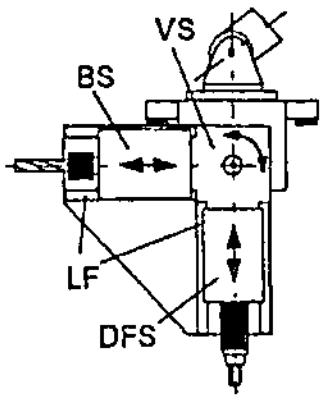

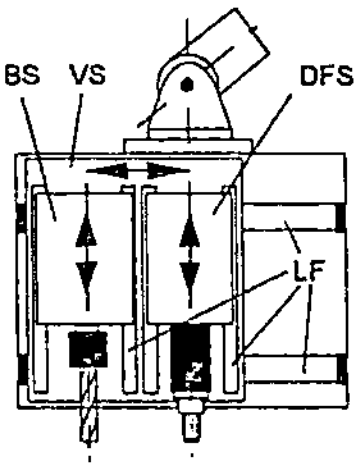

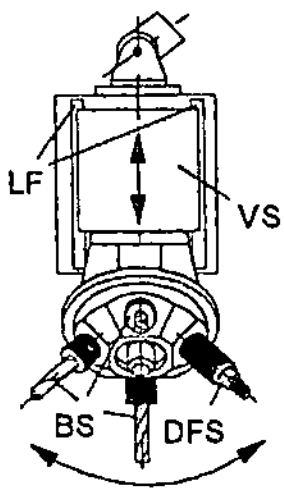

● sehr gut   ◐ gut   ○ schlecht   ┼►

Bewegungsrichtungen

BS: Bohrsystem   VS: Vorschubsystem   LF: Linearführung   DFS: Dübelfügesystem

Bild 4.5:   Lösungsalternativen für das Bohr- und Fügesystem

Neben alternativen Schwenksystemen kann nach translatorischen Verfahr- und Revolverkopfsystemen unterschieden werden.

Infolge des Bewertungsergebnisses und der Verwendungsmöglichkeiten von Standardkomponenten bei der Entwicklung des Dübelmontagewerkzeugs ist Lösungsvariante D zu bevorzugen.

4.4.2 Dispensersystem

Das Dispensersystem dient der Dosierung und Positionierung des Dispersionsklebstoffes. Die Anordnung des Dispensermoduls hat wesentlichen Einfluß auf die Dosiertaktzeit und die Verteilung des Dispersionsmittels in der Bohrung. Je nach Konstruktionsauslegung des Gestellmöbels wird neben der spritzstrahlförmigen Einbringung des Klebstoffes in das Dübelloch ggf. ein raupenförmiger Flächenleimauftrag an den Eckverbindungen gefordert.

In <u>Bild 4.6</u> sind grundsätzlich zu unterscheidende Lösungskonzepte dargestellt, wobei sich der feststehende Auftragskopf als die beste Konstruktionsvariante ableiten läßt.

Lösungskonzept	A	B	C	D	E
Wirkprinzip	Feststehender Auftragskopf	Verschiebbarer Auftragskopf	Schwenkbarer Auftragskopf	Rotorspray	Ringdüse
Bewertungskriterien					
Techn. Aufwand	50%	100%	100%	150%	120%
Flexibilität bez. Dosierbarkeit für - Spritzstrahl	●	●	●	○	●
- Raupenauftrag	●	●	●	--	--
Taktzeitanteil für Leimdosierung	klein	klein	mittel	groß	groß
Baugröße	●	◑	○	○	○
Leimverteilung in der Bohrung	Bohrungswandung (einseitig) u. im Bohrgrund	Bohrgrund	Bohrgrund	Bohrungswandung (rotationssymmetrisch)	Bohrungswandung

--: nicht möglich ● sehr gut ◑ gut ○ schlecht

FS: Fügestempel LD: Leimdüse ↟→ Bewegungsrichtungen

<u>Bild 4.6:</u> Lösungsalternativen für das Dispensersystem

4.4.3 Bereitstellungs- und Speichersystem für Riffeldübel am Dübelmontagewerkzeug

Das im Dübelmontagewerkzeug integrierte Bereitstellungs- und Speichersystem muß einerseits alle Positionier- und Bewegungsabläufe des Dübels sowohl vor als auch während des Fügeprozesses übernehmen und andererseits neben einer hohen Verfügbarkeit eine geeignete Durchmesserflexibilität aufweisen.

<u>Bild 4.7</u> zeigt eine Übersicht unterschiedlicher Wirkprinzipien bei der Bereitstellung und Speicherung von zylindrischen Fügeteilen.

Lösungskonzept	A	B	C	D	E
Wirkprinzip	Schieber 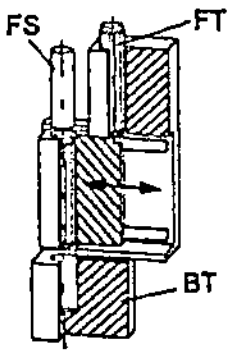	Trommel 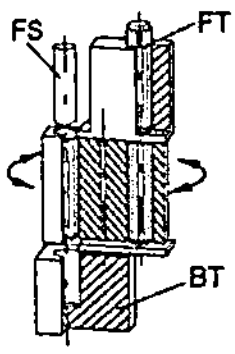	90°- Schwenk 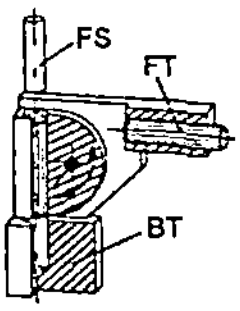	15°- Schwenk 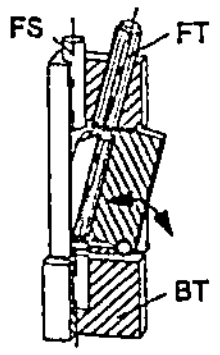	Schacht 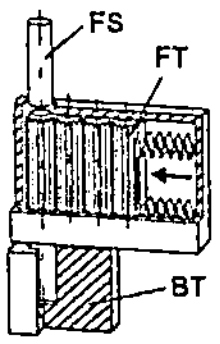
Bewertungskriterien					
Techn. Aufwand	100 %	120 %	140 %	80 %	100 %
Beschickungsleistung	○	◑	○	◑	●
Durchmesserflexibilität	flexibel	flexibel	rüstflexibel	flexibel	rüstflexibel
Speicherkapazität	◑	◑	○	●	◑
Baugröße	groß-/ mittelvolumig	großvolumig	großvolumig	kleinvolumig	klein-/ mittelvolumig
Verfügbarkeit	75 %	80 %	60 %	95 %	90 %

● sehr gut   ◑ gut   ○ schlecht

FT: Fügeteil   FS: Fügestempel   BT: Basisteil   ⊥► Bewegungsrichtungen

<u>Bild 4.7</u>: Lösungsalternativen für die Bereitstellung und Speicherung der Riffeldübel am Dübelmontagewerkzeug

Schachtmagazine zeigen günstige Anwendungseigenschaften bei geringen Anforderungen an die Durchmesserflexibilität. Schwenksysteme mit geringer Auslenkung (Konzept D) dagegen erweisen sich durch einen geringen technischen Aufwand bei gleichzeitig hoher Durchmesserflexibilität und geringer Baugröße als vorteilhaft.

4.5 Lösungskonzepte zur Generierung der Prozeßparameter am Basis- und Fügeteil

4.5.1 Basisteil

Für die flexible Automatisierung des Dübelmontageprozesses nehmen die Prozeß-parameter am Basisteil wesentlichen Einfluß auf das Montageergebnis. Neben den physikalischen und chemischen Werkstoffkenngrößen, die als bekannte Parameter in den Prozeß eingehen /NIE-93/, ist vor allem die Zustandserkennung am Basisteil von großer Bedeutung. Insbesondere ist die Ermittlung des Koordinatenursprungs am Basisteil ausschlaggebend für einen erfolgreichen Montageablauf, wenn die gedübelten Basisteile mit den gebohrten Basisteilen in nachgelagerten Montage-verrichtungen zu Baugruppen verpreßt werden.

Weiterhin ist beim Bohren der Basisteile zu berücksichtigen, daß das Istabmaß einer Bohrung von den unterschiedlichen Zerspanungsparametern /ETT-87/ und Werk-stoffkennwerten am Basisteil abhängt. Es ist daher für den Montageprozeß hinsicht-lich Werkzeugverschleiß und verwendeter Basisteilwerkstoffe erforderlich, optional den Durchmesser der Dübelbohrung geeignet vermessen zu können.

Prinzipiell kann die Anordnung der Sensorik an stationären Aufhängungen außerhalb des Handhabungsgeräts oder direkt am Roboterwerkzeug erfolgen. Im Hinblick auf die hohe Typen- und Variantenvielfalt der Basisteile ist eine robotergeführte Sensoranordnung zu bevorzugen.

Das manuelle Einlegen der Basisteile, wie es beispielsweise an einem Einplatz-system wie bei Konzept A in Bild 4.3 erforderlich wäre, eignet sich sehr gut für die Produktzustandserkennung bei hoher Flexibilität bedingt durch den Werker. Aller-dings ist diese Lösungsvariante personalkostenintensiv und aufgrund der taktzeit-gebundenen Beschickung durch den Anlagenbediener nachteilig für das Gesamt-system. Demgegenüber zeigt sich der Einsatz eines Bildverarbeitungssystems von Vorteil, da bei Einhaltung kurzer Taktzeiten alle geforderten Kriterien optimal erfüllt sind.

<u>Bild 4.8</u> zeigt den Lösungsraum zur Generierung der Prozeßparameter am Basisteil auf.

Lösungskonzept	A	B	C	D	E
Wirkprinzip	Manuelles Einlegen d. Werker	taktil, optoelektrisch	Ultraschall	Bildverarbeitung	Laserscanner
Bewertungskriterien					
Techn. Aufwand	--	20%	30%	100%	50%
Taktzeitanteil	5 ... 8 s	2 ... 4 s	1 ... 3 s	≤ 1 s	1 ... 3 s
Eignung für Erkennung von					
- Koord.urspr.	●	◑	◑	●	●
- Teileanwesenh.	●	●	●	●	●
- Lage	●	◑	◑	●	●
- Orientierung	●	○	○	●	●
- Bohrungs-Ø	●	○	○	●	◑
Flexibilität bez.					
- Produkt	●	◑	◑	●	●
- Bohrungs-Ø	●	○	◑	●	◑
Verfügbarkeit	75 %	80 %	60 %	95 %	90 %

● sehr gut   ◑ gut   ○ schlecht   CCD: Charge Coupled Device Camera

<u>Bild 4.8:</u>   Lösungsalternativen zur Generierung der Basisteilparameter

4.5.2 Fügeteil

Bedingt durch das anlagentechnische Herstellungsverfahren von Riffeldübeln und aufgrund der Tatsache, daß der Werkstoff Holz infolge seines natürlichen Charakters bestimmte physikalisch-mechanische Eigenschaften, wie z. B. Inhomogenität, Anisotropie, Quellen und Schwinden, hygroskopisches Verhalten etc., aufweist, sind erhebliche Maßabweichungen von den in /DIN-89/ vorgegebenen Dübelnennabmaßen unvermeidbar. Zur Überwachung des Fügeprozesses ist jedoch der Produktzustand des Fügeteils (Dübellänge, Riffelkontur, Durchmesserdifferenzen zwischen D_{max} und D_{min}) von entscheidender Bedeutung. Insbesondere ist die auf die Basisteilbohrung bezogene über- und unterdeckende Dübelfläche hinsichtlich des Passungsmaßes und des zu erwartenden Volumenstroms des Dispersionsmittels im Fügespalt von Interesse. Zur Generierung der Fügeteilparameter sind in <u>Bild 4.9</u> alternative Lösungskonzepte dargestellt.

Lösungskonzept	A	B	C	D	E
Wirkprinzip	Meßuhr	Schattenbild	Düse/ Prallplatte	Bildverar-beitung	Laser-triangulation
Bewertungs-kriterien					
Kenngrößen der Meßdaten	Analog-/ Digitalwert	opto-elektrisch	Volumen-strom	opto-elektrisch	Analog-/ Digitalwert
Techn. Aufwand	30 %	150 %	50 %	100 %	70 %
Kombinierbarkeit Ø- und Längen-messung	◑	●	--	◑	●
Meßgenauigkeit bez.			unzureichend wegen Oberflächen-		
- D_{max}	≤ 0,05 mm	0,1 mm		≤ 0,03 mm	≤ 0,01 mm
- D_{min}	--	--	kontur	≤ 0,03 mm	≤ 0,01 mm
- Abweichung v. Kreisquerschnitt	≤ 0,05 mm	--	--	≤ 0,03 mm	≤ 0,01 mm
- Riffelkontur	--	--	--	≤ 0,03 mm [*]	≤ 0,01 mm
- Dübellänge	≤ 0,05 mm	0,1 mm	--	≤ 0,03 mm	≤ 0,01 mm
- Parallelität	≤ 0,05 mm	0,1 mm	--	--	≤ 0,01 mm
Meßgeschwindig-keit	5 ... 8 s	≤ 1 s	2 ... 3 s	≤ 1 s	2 ... 3 s
Flexibilität bez. Ø und Länge	rüstflexibel	flexibel	unflexibel	flexibel	flexibel

--: nicht möglich ● sehr gut ◑ gut ○ schlecht

PSD: Photosensitive Diode LDI: Laserdiode $\dot{V}_{1,2,3}$: Volumenströme

↕↔: Bewegungsrichtungen CCD: Charge Coupled Device Camera

[*] nur in einer Querschnittsebene meßbar

<u>Bild 4.9:</u> Lösungsalternativen zur Generierung der Fügeteilparameter

Unter Berücksichtigung der zu erfassenden Meßdaten am Fügeteil zeichnet sich die Lasertriangulation gegenüber den konkurrierenden Verfahren besonders durch eine herausragende Genauigkeit und durch eine uneingeschränkte Erfüllung der Meß-anforderungen aus.

4.6   Lösungskonzepte zur Überwachung der Prozeßparameter

Die Überwachung des Dübelmontageprozesses muß beim Bohren des Dübellochs und beim Fügen des Dübels erfolgen. Die für den Bohrprozeß maßgeblichen Verarbeitungsparameter wie Bohrerdrehzahl und Vorschubgeschwindigkeit sind in /HEI-97/ und /LEU-95/ festgelegt. Die Aufgabe der Prozeßüberwachung beschränkt sich hierbei auf das Messen und Konstanthalten der Bohrprozeßparameter und wird hier nicht näher untersucht. Gleichzeitig muß das Prozeßüberwachungsverfahren für die Überwachung des Fügeprozesses geeignet sein und einen Vergleich zwischen Ist- und Sollwerten der Prozeßgrößen

- Fügekraft,
- Fügeweg und
- Fügegeschwindigkeit

ermöglichen sowie Versagensfälle, wie z. B. Rißausbildung am Basisteil, erkennen können.

Die Erfassung und Regelung der Verarbeitungs- und Fügeprozeßparameter kann durch geeignete Sensorsysteme wie beispielsweise Drehgeber, Wegmeßsysteme, Kraftsensoren und Meßdatenerfassungskarten erfolgen. Für die Überwachung des Fügekraftverlaufs über dem Fügeweg wird online ein Abgleich mit einem vorgegebenen Toleranzfeld vorgenommen und beim Auftreten eines Störfalls der Fügeprozeß abgebrochen.

In <u>Bild 4.10</u> sind alternative Verfahren dargestellt, die einen Vergleich zwischen dem Istverlauf und den zulässigen Minimal- und Maximalwerten erlauben.

Der skizzierte Fügekraftverlauf soll eine zu erwartende Trockenreibungs- und darauf folgende Leimverdrängungsphase mit Sprungfunktion andeuten. Wie die Bewertung zeigt, ist das Hüllkurvenverfahren bei Kurvenverläufen mit Sprungfunktion aufgrund der günstigen Bewertungseigenschaften den anderen Verfahren vorzuziehen.

Die für das Hüllkurvenverfahren erforderlichen Toleranzfelder sind experimentell im Hinblick auf die Vielzahl der zu berücksichtigenden Fügeprozeßparameter nicht systematisch erfaßbar. Zur Auslegung der Fügeprozeßüberwachung soll daher eine experimentelle und theoretische Untersuchung des Fügeprozesses durchgeführt werden.

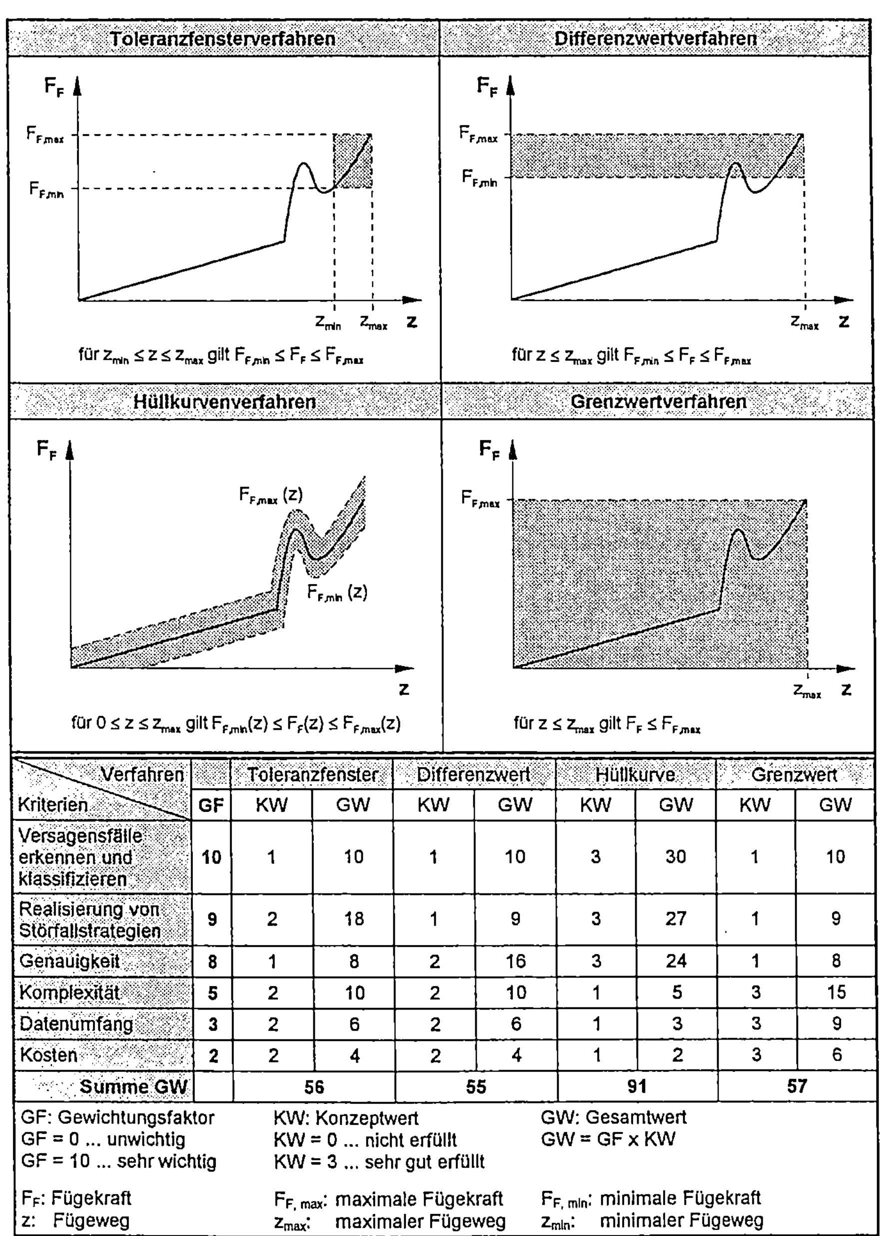

Verfahren / Kriterien	GF	Toleranzfenster KW	Toleranzfenster GW	Differenzwert KW	Differenzwert GW	Hüllkurve KW	Hüllkurve GW	Grenzwert KW	Grenzwert GW
Versagensfälle erkennen und klassifizieren	10	1	10	1	10	3	30	1	10
Realisierung von Störfallstrategien	9	2	18	1	9	3	27	1	9
Genauigkeit	8	1	8	2	16	3	24	1	8
Komplexität	5	2	10	2	10	1	5	3	15
Datenumfang	3	2	6	2	6	1	3	3	9
Kosten	2	2	4	2	4	1	2	3	6
Summe GW			**56**		**55**		**91**		**57**

GF: Gewichtungsfaktor KW: Konzeptwert GW: Gesamtwert
GF = 0 ... unwichtig KW = 0 ... nicht erfüllt GW = GF x KW
GF = 10 ... sehr wichtig KW = 3 ... sehr gut erfüllt

F_F: Fügekraft $F_{F,max}$: maximale Fügekraft $F_{F,min}$: minimale Fügekraft
z: Fügeweg z_{max}: maximaler Fügeweg z_{min}: minimaler Fügeweg

<u>Bild 4.10:</u> Alternative Verfahren zur Überwachung der Prozeßparameter

5 Experimentelle und theoretische Untersuchung des Fügeprozesses bei der Montage von Riffeldübeln

Um eine optimale Auslegung und Dimensionierung der Fügeprozeßüberwachung und des Dübelmontagewerkzeugs vornehmen zu können, müssen die Einflußfaktoren, die den Montageprozeß im wesentlichen bestimmen, bekannt sein. Die auf den Fügevorgang einwirkenden Prozeßparameter wurden mit Hilfe von Vorversuchen analysiert, um hieraus die erforderlichen Kenntnisse für die Entwicklung von Berechnungsmodellen zur Vorausberechnung des Fügekraftverlaufs und für den Bau der Werkzeugteilsysteme ableiten zu können. Das Herstellen von Bohrungen in Holz und Holzwerkstoffe wurde bereits eingehend in /WES-95/ untersucht und wird daher nicht näher betrachtet.

5.1 Fügephasen und Einflußfaktoren bei der Montage von Riffeldübeln

Der Fügeprozeß kann in vier aufeinanderfolgende Phasen unterteilt werden. In Bild 5.1 sind die einzelnen Fügephasen dargestellt, bei denen jeweils die erzielte Relativposition und -orientierung von Füge- und Basisteil zueinander und die wesentlichen Einflußfaktoren beschrieben sind.

Folgende Phasen des Fügeprozesses wurden unterschieden:

Ansetzphase:

Füge- und Basisteil berühren sich in dieser Phase noch nicht. Der Dübel nähert sich mit der Einpreßgeschwindigkeit v_E dem Basisteil. Die Position und Orientierung zwischen Dübel und Basisteil weicht um einen bestimmten Lateral- bzw. Angularfehler von der Fügeachse ab. Die Fase des Dübels taucht bereits teilweise in die Bohrung ein.

Zentrierphase:

Die Punktberührung zwischen Dübel und Basisteil zu Beginn dieser Phase bewirkt eine Reaktionskraft und ein Reaktionsmoment /WÜR-92/. Das auf den Dübel zwischen Fasenflanke und Dübelachse wirkende Moment zwingt den Dübel in die Bohrungsachse. Der Angular- und Lateralfehler wird ausgeglichen. Am Ende dieser Phase berührt der Dübel linienförmig die Bohrungswandung.

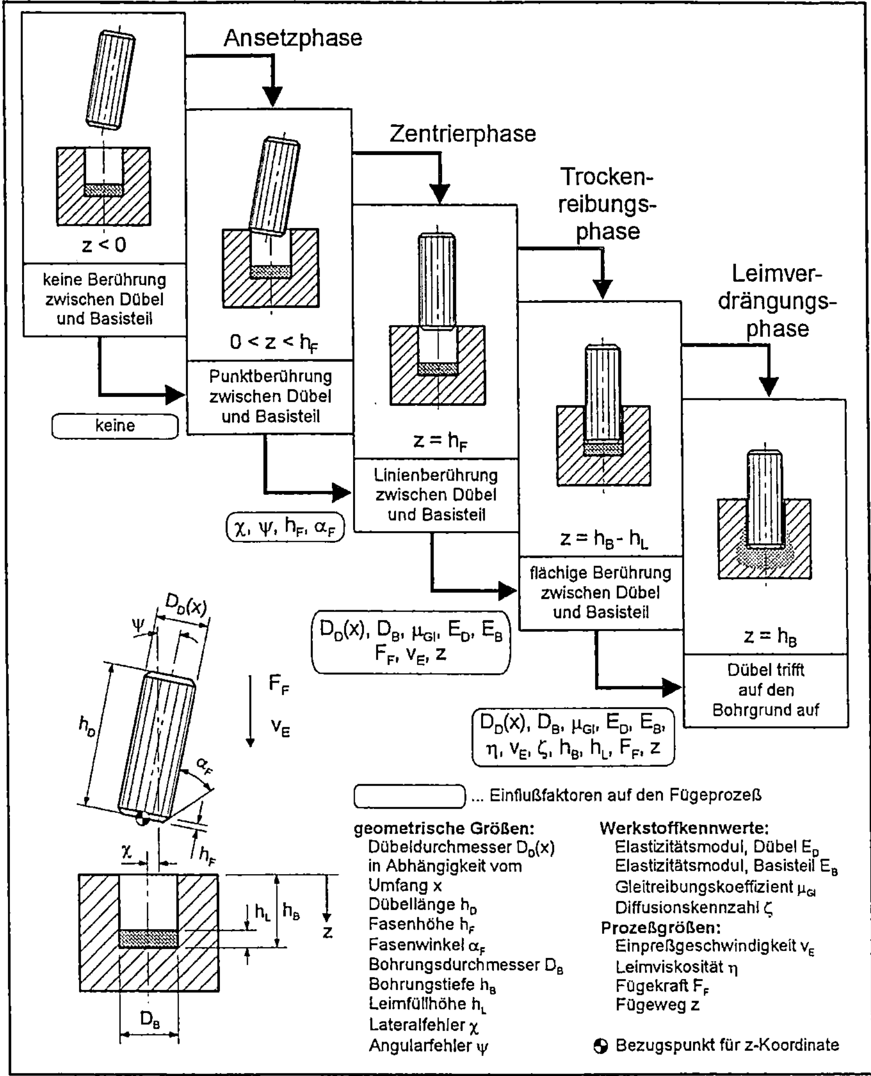

<u>Bild 5.1</u>:   Fügephasen bei der Montage von Riffeldübeln

<u>Trockenreibungsphase</u>:

Der Dübel dringt weiter in die Bohrung ein. Zwischen der Mantelfläche des Dübels und der Bohrungswandung treten Reibungskräfte auf. Die Riffel bilden an der Zylindermantelfläche linienförmige Berührungsflächen aus, deren Größe mit zunehmender Einpreßtiefe anwächst.

Leimverdrängungsphase:

Der Dübel trifft auf den in der Bohrung befindlichen Leim auf. Dieser wird zuerst in den Fasenhohlraum des Dübels, anschließend in die Freiräume der durch die Riffel gebildeten Kanäle verdrängt. Ein weiterer Volumenanteil sorbiert in die Lumina des kapillarporösen Holzes. Am Ende dieser Phase trifft der Dübel auf dem Bohrgrund auf.

5.2 Experimentelle Untersuchung der wichtigsten Einflußfaktoren auf den Fügeprozeß durch Vorversuche

Zur Untersuchung der Einflußfaktoren beim Fügeprozeß wurden ein Versuchsstand zur Vermessung der Dübelquerschnittsgeometrie und ein Meßaufbau zur Aufnahme der Fügekräfte entwickelt.

Ziel der Dübelquerschnittsvermessung war es, den Durchmesser eines Fügeteils als Funktion über den abgerollten Umfang darzustellen, um quantitative Aussagen über die Zusammenhänge zwischen Dübelquerschnittsgeometrie und Fügekraftverlauf bei variierenden Randbedingungen ableiten zu können. Nach diesen Anforderungen wurde die in <u>Bild 5.2</u> abgebildete Versuchsanordnung realisiert. Der einzelne Dübel wurde in einem kugelgelagerten Kurzspannfutter mit Spannzange manuell eingespannt und mittels eines Gleichstrom-Getriebemotors über Zahnriementrieb in Rotation um seine Längsachse versetzt. Für die berührungslose Messung wurde ein Triangulationslaser verwendet, mit dem der Abstand zum Dübel in bezug auf ein kalibriertes Nennmaß erfaßt werden konnte. Zur exakten Bestimmung des optimalen Abtastpunktes wurde der Laser auf einer Lineareinheit montiert, die senkrecht zur Dübelachse beweglich ist. Über einen photooptischen Sensor wurde synchron die Laufzeit für eine Dübelumdrehung ermittelt. Die analogen Meßdaten des Lasers wurden mit denen des Lichttastersignals überlagert und über ein Interface mit dem Meßdatenverarbeitungsprogramm VISUAL DESIGNER ausgewertet. Das hierfür entwickelte Auswertungsprogramm lieferte in Echtzeitübertragung die geometrischen Größen:

- Dübeldurchmesser $D_D(x)$ in Abhängigkeit vom Umfang x
- Anteil der überdeckenden Fläche $A_ü$
- Anteil der unterdeckenden Fläche A_u

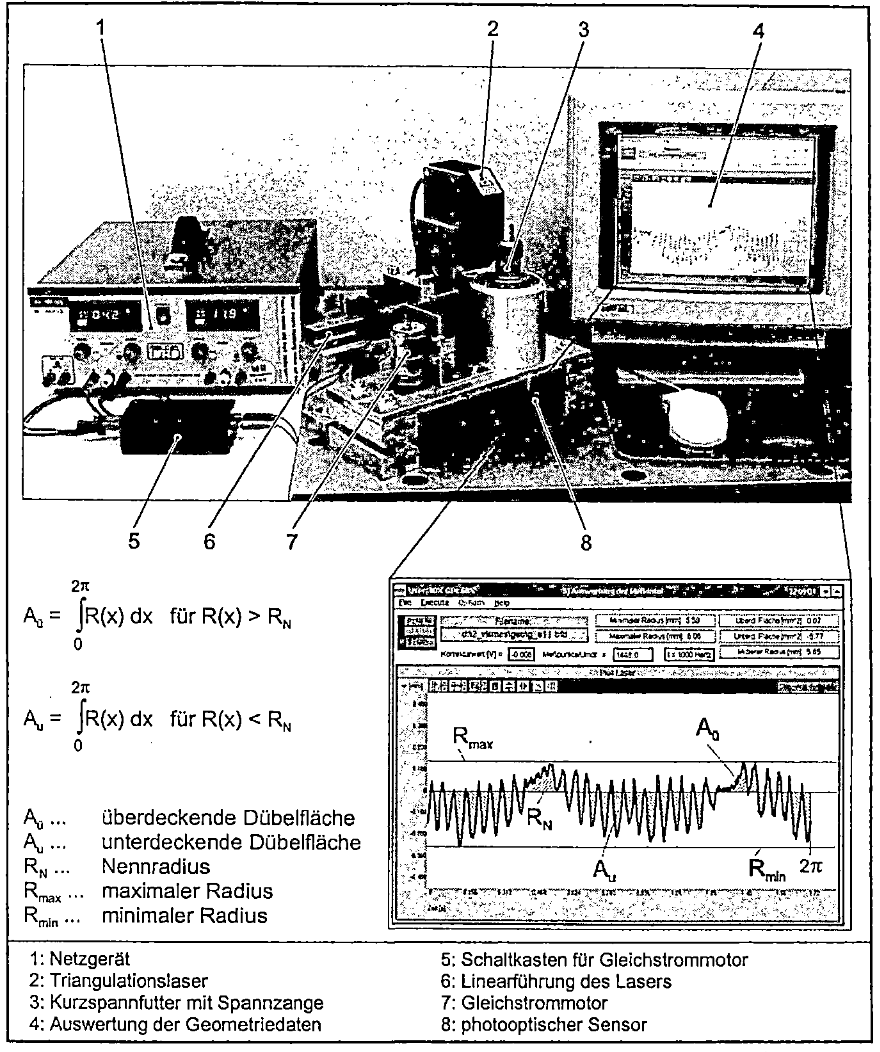

$$A_{\ddot{u}} = \int_0^{2\pi} R(x)\, dx \quad \text{für } R(x) > R_N$$

$$A_u = \int_0^{2\pi} R(x)\, dx \quad \text{für } R(x) < R_N$$

$A_{\ddot{u}}$ ... überdeckende Dübelfläche
A_u ... unterdeckende Dübelfläche
R_N ... Nennradius
R_{max} ... maximaler Radius
R_{min} ... minimaler Radius

1: Netzgerät	5: Schaltkasten für Gleichstrommotor
2: Triangulationslaser	6: Linearführung des Lasers
3: Kurzspannfutter mit Spannzange	7: Gleichstrommotor
4: Auswertung der Geometriedaten	8: photooptischer Sensor

<u>Bild 5.2</u>:   Versuchsaufbau zur Geometriedatenermittlung von Holzdübeln

Zur Aufnahme des Fügekraftverlaufs wurde der in <u>Bild 5.3</u> beschriebene Versuchsaufbau realisiert. In Vorversuchen hatte sich gezeigt, daß die Verwendung einer pneumatischen Vorschubeinrichtung bei hohen Reaktionskräften keine konstante Vorschubgeschwindigkeit garantiert. Aus diesem Grund wurde eine hydraulische Einpreßvorrichtung entwickelt, mit der Fügekräfte bis zu 7 kN und Einpreßgeschwindigkeiten bis zu 1 m/s gefahren werden konnten.

Zur Aufnahme der dynamischen Kräfte wurde ein piezoelektrischer Kraftsensor in Verbindung mit einem mikroprozessorgesteuerten Ladungsverstärker verwendet. Zur Messung des zurückgelegten Fügeweges wurde ein induktives Meßsystem ausgewählt, das aus einem Meßwertaufnehmer und einem Trägerfrequenzmeßverstärker bestand. In die Bohrungen der Basisteilproben wurden mittels Feinwaage die Dispersionsvolumina dosiert. Eine zentrische Symmetrieachsenausrichtung zur Vermeidung von Angular- und Lateralfehlern zwischen Füge- und Basisteil wurde mit einer prismenförmigen Dübelhalterung gelöst. Die Aufnahme der Meßdaten erfolgte analog der Dübelquerschnittsvermessung. Die Vorschubumkehr erfolgte unmittelbar nach dem Auftreffen des Dübels auf den Bohrgrund.

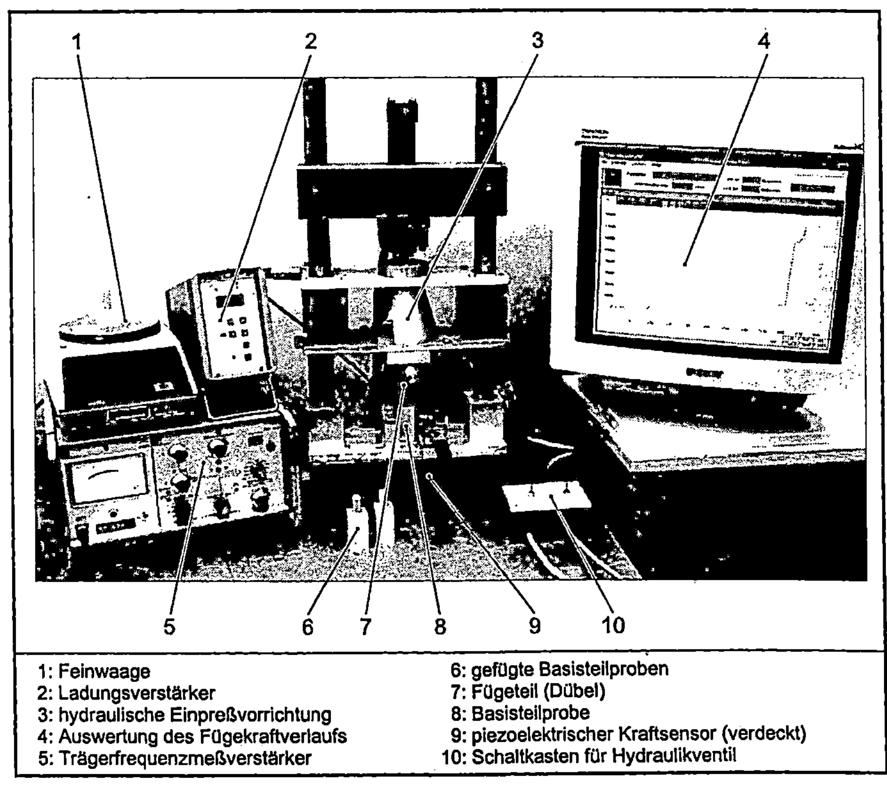

1: Feinwaage	6: gefügte Basisteilproben
2: Ladungsverstärker	7: Fügeteil (Dübel)
3: hydraulische Einpreßvorrichtung	8: Basisteilprobe
4: Auswertung des Fügekraftverlaufs	9: piezoelektrischer Kraftsensor (verdeckt)
5: Trägerfrequenzmeßverstärker	10: Schaltkasten für Hydraulikventil

<u>Bild 5.3:</u>   Versuchsaufbau zur Ermittlung der Einflußfaktoren beim Fügen von Holzdübeln

Als Ergebnis der Fügeversuche wurden Kraft-Weg-Verläufe mit folgenden variierenden Prozeßparametern ermittelt:

- Variation der Einpreßgeschwindigeit von $v_E = 0,01 \dots 1$ m/s
- Variation der Viskositäten von $\eta = 190 \dots 8300$ mPa s (nach Epprecht)
- Variation der Dübelgeometrie von $D_D(x)_{max} = 11,8 \dots 12,4$ mm
  und der Dübelfase von $\alpha_F = 0 \dots 75°$
- Variation der Basisteilwerkstoffe

5.2.1 Einfluß der Einpreßgeschwindigkeit

Wie die Versuche zeigen (<u>Bild 5.4</u>), liegt in der Trockenreibungsphase ein von der Geschwindigkeit unabhängiger, nahezu linearer Kraftanstieg bei variierenden Einpreßgeschwindigkeiten vor. Damit entspricht diese Phase tendenziell den Reibungsgesetzen der Kinetik, welche den Gleitreibungskoeffizienten als vornehmlich abhängig von der Normalkraft und nur wenig geschwindigkeitsabhängig betrachten /DUB-90/. Die proportionalen Abhängigkeiten zwischen Einpreßgeschwindigkeit und Kraftverlauf in der Leimverdrängungsphase fundieren dagegen auf den Fließgesetzen der Strömungsmechanik /LEI-91/. Demnach ist bei Newtonschen Flüssigkeiten die Schubspannung τ bei Strömungsvorgängen proportional zur Viskosität η und Schergeschwindigkeit $\dot{\gamma}$ /BEC-86/:

$$\tau = \eta \cdot \dot{\gamma}$$

Hierin läßt sich der zu Beginn der Leimverdrängungsphase stark von der gewählten Geschwindigkeit abhängige, sprunghafte Anstieg der Einpreßkraft begründen. Bei kleinen Einpreßgeschwindigkeiten gänzlich verschwindend, führt dieser Sprung bei hoher Geschwindigkeit gegenüber den anderen Fügephasen zum größten Kraftzuwachs. Es schließt sich ein von den dynamischen Vorgängen des Kraftsprungs beeinflußter weiterer Kraftanstieg an, der bis zum Auftreffen des Dübels auf den Bohrgrund als näherungsweise linear angesehen werden kann.

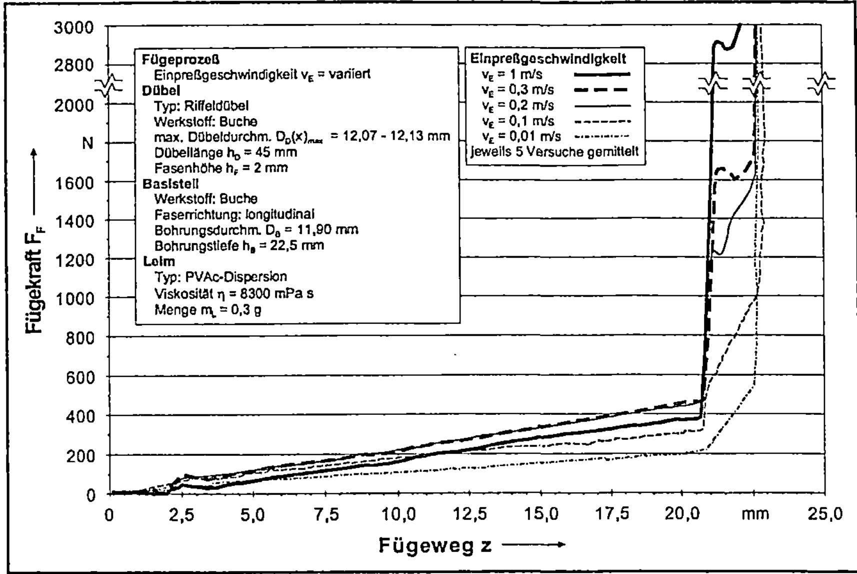

Bild 5.4:   Einfluß der Fügegeschwindigkeit auf den Fügekraftverlauf

Geschwindigkeiten kleiner als 0,01 m/s sind für die praktische Anwendung irrelevant. Bei Einpreßgeschwindigkeiten oberhalb 0,3 m/s steigt der Kraftsprung beim Auftreffen auf den Leim progressiv an und kann zu Rißausbildungen am Basisteil führen. Weiterhin sind hohe dynamische Kräfte infolge der Quetschströmung zu beobachten. Fügekräfte oberhalb 2000 N sollten daher unter Berücksichtigung der kinematischen Gesetzmäßigkeiten bei Vertikalknickarmrobotern zwingend vermieden werden.

5.2.2   Einfluß der Leimviskosität

Die Kraftverläufe in Bild 5.5 unterstreichen den Zusammenhang zwischen Kraftsprung und Einpreßgeschwindigkeit und zeigen eine weitere Abhängigkeit auf. Mit steigender Viskosität, d. h. mit steigendem Festkörperanteil der Dispersion, nimmt die Höhe des Kraftsprungs, sofern aufgrund der Einpreßgeschwindigkeit vorhanden, weiter zu. Die Steigung im linearen Kraft-Weg-Verlauf nach dem Sprung weist auf einen proportionalen Zusammenhang zwischen der Leimviskosität und der Fügegeschwindigkeit hin.

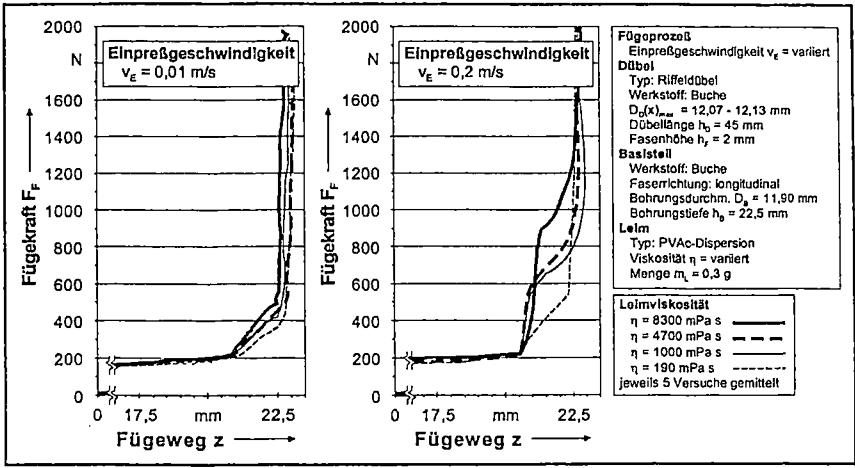

Bild 5.5: Einfluß der Leimviskosität auf den Fügekraftverlauf bei verschiedenen Einpreßgeschwindigkeiten

Die Varianz des Kraftsprungs mit der Leimviskosität gründet auf dem Sachverhalt, daß die Größe und Verteilung der Partikel innerhalb der Dispersion Einfluß auf das rheologische Verhalten des Leimes hat. Die Reibungskräfte der dispergierten Teilchen untereinander steigen mit zunehmender Viskosität - die innere Reibung des Fluides nimmt somit zu. Einerseits wird zwischen Füge- und Basisteil ein System konzentrisch angeordneter Strömungsvolumina mit Druck- und Schleppströmungsverläufen ausgebildet, andererseits bewirkt der sich unter dem Dübel aufbauende Druck eine Absorption des Leimes in das kapillarporöse Holz. Das Druckgleichgewicht in diesen beiden Strömungssystemen steuert die Verteilung der Volumenanteile des Dispersionsmittels.

5.2.3 Einfluß der Dübelgeometrie

Als veränderlicher Parameter wurde der maximale Durchmesser des Dübels eingesetzt. Für variable Bohrungsdurchmesser genügt es, ein auf den Bohrungsdurchmesser bezogenes Über- bzw. Untermaß zu definieren, das sich auf den Überdeckungs- bzw. Unterdeckungsgrad zurückführen läßt.

Wie <u>Bild 5.6</u> zeigt, steigt mit zunehmendem Dübeldurchmesser die senkrecht zur Fugenfläche wirkende Normalkraft. Der Betrag des Kraftsprungs zeigt keine deutliche Abhängigkeit von der Dübelquerschnittsgeometrie. Im weiteren Verlauf der Leimverdrängungsphase reduziert die Durchmesserzunahme bei größeren Dübeln den für die Leimströmung maßgebenden Strömungsquerschnitt. Es resultieren höhere Kraftanstiege.

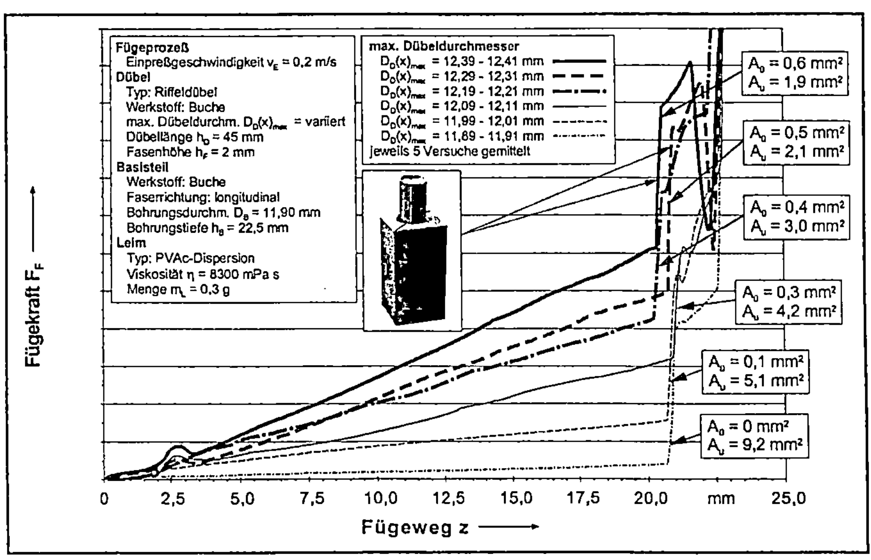

<u>Bild 5.6</u>:   Einfluß der Querschnittsgeometrie des Dübels auf den Fügekraftverlauf

Bei der Verwendung von Dübeln mit Untermaß, die keine überdeckenden Flächenanteile aufwiesen ($A_0 \leq 0$), wurden selbst in der Trockenreibungsphase Fügekräfte gemessen. Ursache hierfür sind die in Abhängigkeit der Dübellänge auftretenden Formtoleranzen, wie z. B. die Abweichungen in der Geradheit, Rundheit und Zylinderform des Dübels.

Während Dübel mit $A_0 \leq 0$ unzureichende Auszugsfestigkeiten aufweisen, sind bei Überdeckungsflächen $A_0 \geq 0,5$ mm² bereits Rißausbildungen am Basisteil quer zur Faserrichtung zu beobachten.

Ein nennenswerter systematischer Einfluß der Dübelfase auf den Fügekraftverlauf konnte nicht festgestellt werden.

5.2.4 Einfluß des Basisteilwerkstoffs

In Bild 5.7 sind die unterschiedlichen Eigenschaften verschiedener anisotroper Hölzer und Holzwerkstoffe bezüglich der Belastungsrichtung und des Sorptionsverhaltens bei der Dübelmontage zusammengefaßt. Neben der quantitativ geringen Abhängigkeit zwischen Einpreßkraft und Gleitreibungskoeffizient in der Trockenreibungsphase zeigte sich im weiteren Fügekraftverlauf deutlich der Einfluß des Werkstoffes und der Faserrichtung. Insbesondere die Festigkeitskennwerte der Werkstoffe nehmen großen Einfluß auf den Kraftsprung und den weiteren Verlauf in der Leimverdrängungsphase. Die fortschreitende Wegabszisse nach dem Auftreffen des Dübels auf den Bohrgrund verdeutlicht, daß vor allem Weichhölzer und wenig verdichtete Holzwerkstoffe zum Reißen neigen. Dies geschieht, bevor bzw. während sich der Leim durch die Strömungskanäle zwischen Dübel und Bohrung einen Weg zur Basisteiloberfläche sucht und bewirkt einen sofortigen Kraftabfall sowie die Zerstörung der Verbindung.

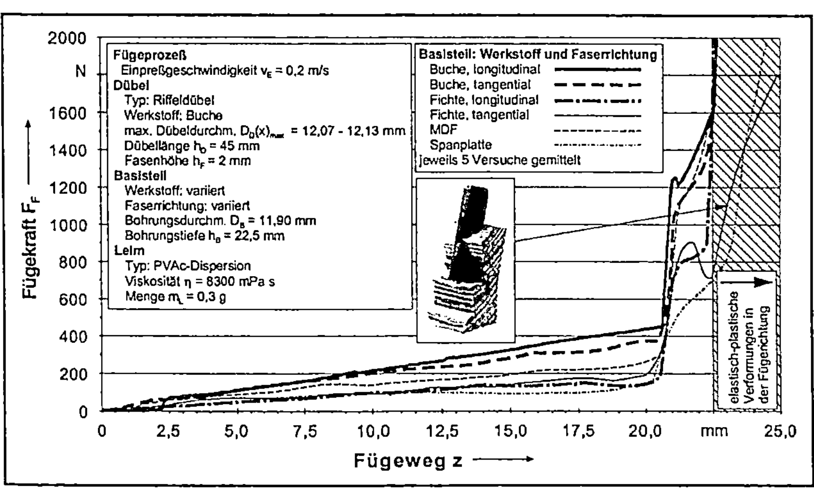

Bild 5.7:   Einfluß des Werkstoffes und der Faserrichtung des Basisteils auf den Fügekraftverlauf

Anhand von Schnittproben wurde ermittelt, daß das in Dübel und Basisteil diffundierende Leimvolumen bei hochviskosem Leim und bei Verwendung des Basisteilwerkstoffes Buche vernachlässigbar ist.

5.3 Erkenntnisse aus den Vorversuchen

Für die Auslegung der Systeme zur automatisierten Dübelmontage und die Entwicklung theoretischer Berechnungsmodelle zur Vorausberechnung der wichtigsten Prozeßparameter für die Prozeßüberwachung lassen sich aus den Vorversuchen folgende Erkenntnisse aus den einzelnen Fügephasen ableiten:

Zentrierphase:

- Bei hinreichend genauer Positionierung des Dübels über der Bohrung können die Krafterhöhungen in der Zentrierphase vernachlässigt werden.

Trockenreibungsphase:

- Die Trockenreibungsphase beruht auf den Einflüssen der Festkörperreibung in Abhängigkeit von Fügeteilgeometrie und Bohrungsabmaß, Werkstoffkennwerten und Gleitreibungskoeffizienten.

- Entsprechend dem Überdeckungsgrad als Funktion der elliptischen Zylinderform des Dübels und der Dübelbohrung treten elastisch-plastische Verformungen am Füge- und Basisteil auf, die Differenzen im Fügekraftverlauf von bis zu 1200 N hervorrufen.

Leimverdrängungssphase:

- Bei höherviskosen Leimen ($\eta > 1000$ mPa s) und größeren Einpreßgeschwindigkeiten ($v_E > 0{,}01$ m/s) tritt ein Kraftsprung, z. T. mit Überschwingfunktion, infolge der inneren Flüssigkeitsreibung auf.

- Bei Weichhölzern (z. B. Fichte) und Holzwerkstoffen (z. B. Spanplatte) führen Einpreßgeschwindigkeiten von $v_E \geq 0{,}15$ m/s bei der Verwendung hochviskoser Dispersionen zur Zerstörung der Dübelverbindung.

- Eine Steigerung der Einpreßgeschwindigkeit von 0,1 m/s auf 1 m/s führt in Abhängigkeit der Prozeßparameter zu Fügekraftzunahmen von bis zu 900%.

Die Versuche haben gezeigt, daß sich der Fügeprozeß durch eine Vielzahl gegenseitig beeinflussender Prozeßparameter theoretisch beschreiben läßt. Zur Erzielung einer geringen Taktzeit bei gleichzeitig hoher Prozeßsicherheit sind in der Trockenreibungsphase in Abhängigkeit der Prozeßparameter Fügegeschwindigkeiten von bis zu 1 m/s realisierbar. Speziell beim Basisteilwerkstoff Buche darf jedoch in der Leimverdrängungsphase eine Einpreßgeschwindigkeit von 0,3 m/s wegen der Gefahr der Rißausbildung am Basisteil nicht überschritten werden.

5.4 Theoretische Untersuchung des Fügeprozesses und Bestimmung des Fügekraftverlaufs

5.4.1   Idealisierung

Für die Berechnungen wird der Fügeprozeß in die Abschnitte Trockenreibungs- und Leimverdrängungsphase unterteilt. Dabei werden folgende geometrische und physikalische Vereinfachungen getroffen:

- Der Feuchtegehalt am Basisteil ist $\leq$ 12%.
- Das Basisteil ist astfrei.
- Lateral- und Angularfehler zwischen Dübel und Basisteil werden vernachlässigt.
- Die Basisteilbohrung weist einen konstanten Bohrungshalbmesser über die gesamte Bohrtiefe auf.
- Die Leimviskosität ist druckunabhängig.
- Die Leimströmung im Ringspalt ist laminar.
- Die Einlaufstörungen bei der axialen Ringspaltströmung werden vernachlässigt.
- Gewichts- und Trägheitskräfte werden vernachlässigt.

5.4.2   Berechnung des Fügekraftverlaufs während der Trockenreibungsphase

Allgemein gilt für die Reibungskraft in der Trockenreibungsphase F_{TR} in Anlehnung an /DIN-78/ für zylindrische Längspreßverbände:

$$F_{TR} = \mu_{Gl} \cdot F_N = \mu_{Gl} \cdot A_F \cdot p_F \qquad (5\text{-}1)$$

Dabei ist μ_{Gl} der Gleitreibungskoeffizient der Reibungspartner, F_N die auf die Fugenfläche A_F ausgeübte Normalkraft und p_F der daraus resultierende Fugendruck. Im Gegensatz zum zylindrischen Preßverband liegt beim eingepreßten Riffeldübel jedoch kein zylindrisches Wirkflächenpaar vor. Durch die Riffelgeometrie bedingt berühren sich Dübel und Basisteil auf zur Fügeachse parallelen Linien, welche ungleichmäßig über den Umfang x verteilt sind. Daher ist ein differenzierterer Ansatz über kleine Zylindersektoren mit der Bogenlänge dx nötig, für die jeweils ein konstanter Fugendruck p(x) angenommen werden kann (<u>Bild 5.8</u>).

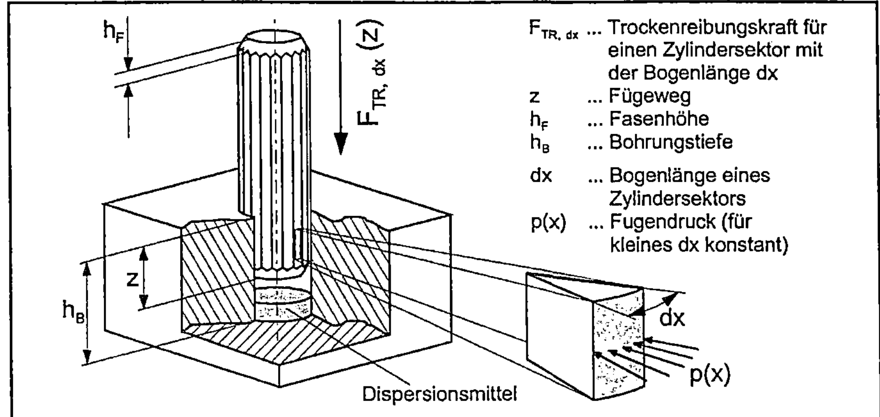

Bild 5.8: Infinitesimale Betrachtung des Fugendrucks am Riffeldübel

Daraus ergibt sich für einen infinitesimal kleinen Sektor die vom Fügeweg z und Umfang x abhängige Reibungskraft $F_{TR,dx}$ (z, x) zu:

$$F_{TR,dx}(z, x) = \mu_{Gl} \cdot (z - h_F) \cdot dx \cdot p(x), \quad \text{für } h_F \leq z < h_B \tag{5-2}$$

Für alle $z < h_F$ wirkt keine Reibungskraft. Nach **Bild 5.9** tragen alle Zylindersektoren mit einem Übermaß:

$$U(x) = R_D(x) - R_{Bi} > 0 \tag{5-3}$$

anteilig zur Gesamtreibungskraft bei. Für nicht überdeckende Zylindersektoren $(R_D(x) \leq R_{Bi})$ wird $p(x) = 0$ und folglich $F_{TR,dx}$ (z, x)= 0.

Die Integration der relevanten Reibungsanteile über den gesamten Dübelumfang ergibt die Gesamtreibungskraft F_{TR} (z) für die Trockenreibungsphase:

$$F_{TR}(z) = \int_{x=0}^{2\pi R_F} F_{TR,dx}(z, x)\, dx, \qquad \text{für alle } U(x) = R_D(x) - R_{Bi} > 0 \tag{5-4}$$

Mit Gleichung (5-4) und unter Vernachlässigung des kleinen Unterschiedes zwischen $2 \cdot R_F$ und dem Dübelnenndurchmesser D_N ergibt sich:

$$F_{TR}(z) = \mu_{Gl} \cdot (z - h_F) \cdot \int_{x=0}^{\pi D_N} p(x)\, dx, \quad \text{für alle } R_D(x) > R_{Bi} \tag{5-5}$$

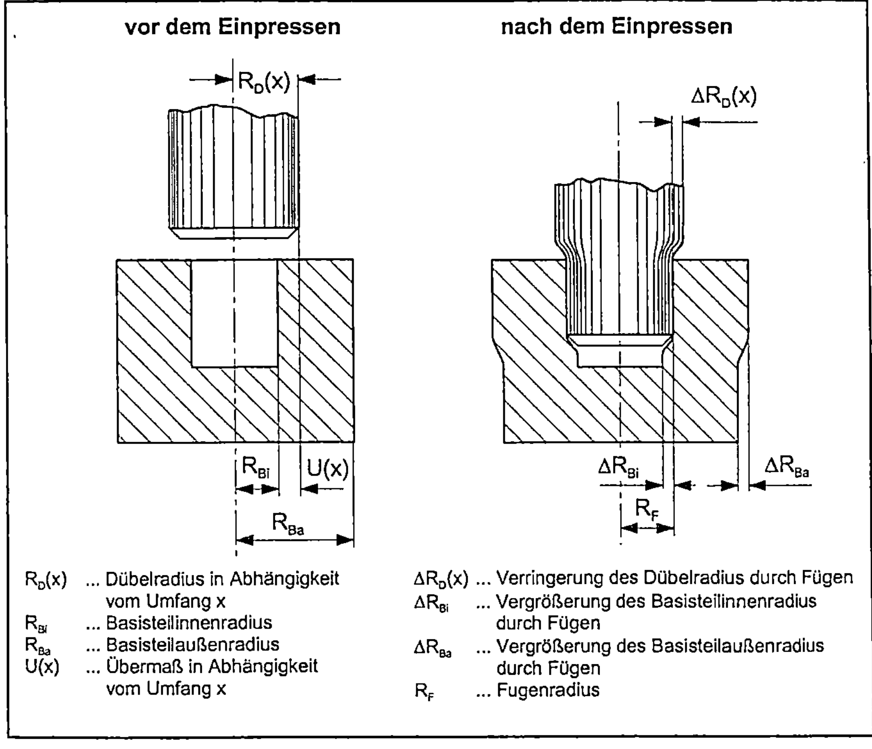

<u>Bild 5.9</u>:   Geometrische Verhältnisse beim Fügen

Beim Fügen werden die Teilchen des Dübels und des Basisteils aufgrund elastisch-plastischer Verformungen radial verschoben. Die geometrische Verträglichkeitsbedingung nach dem Einpressen lautet:

$$U(x) = \Delta R_D(x) + \Delta R_{Bi}$$
$$= R_D(x) - R_{Bi} \tag{5-6}$$

Als mechanisches Modell zur Berechnung des Fugendrucks dient ein Vollzylinder, der in einen Hohlzylinder eingepreßt wird. Es wird vom rotationssymmetrischen, ebenen Spannungszustand ausgegangen, der für Querpreßverbände mit guter Näherung erfüllt ist /KOL-84/. Die Berechnungen der Spannungen und Dehnungen werden auf den Fall eines unter Innen- und Außendruck stehenden Hohlzylinders zurückgeführt. In <u>Bild 5.10</u> ist eine aus Basis- und Fügeteil herausgeschnittene Kreisscheibe mit den als Hauptnormalspannungen wirkenden Radial- und Tangentialspannungen dargestellt.

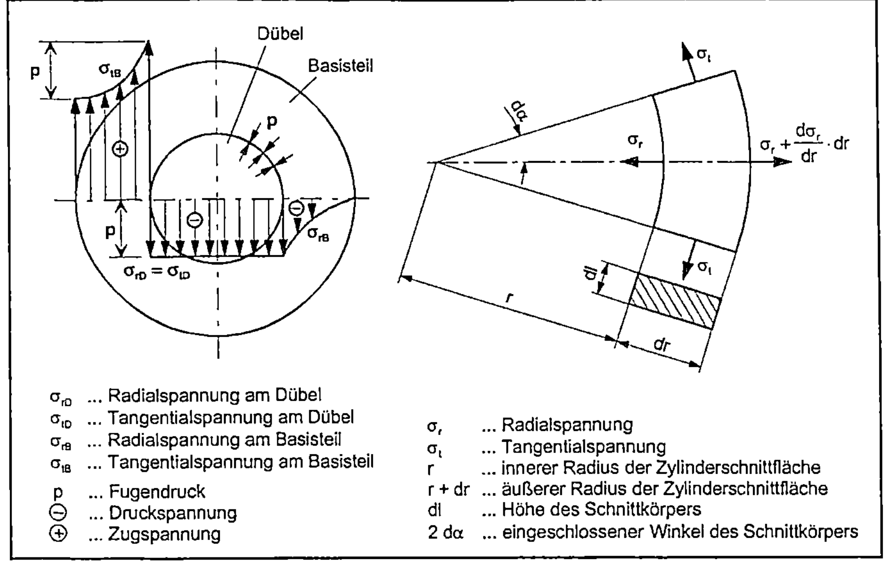

<u>Bild 5.10</u>: Radial- und Tangentialspannungen an Füge- und Basisteil

Auf ein unendlich kleines Körperelement, welches man sich durch zwei Zylinder-flächen mit den Radien r und r + dr aus der Kreisscheibe herausgeschnitten denkt, wirken tangentiale und radial ein- und auswärts gerichtete Spannungen. Der Gleich-gewichtszustand für diesen Schnittkörper ergibt:

$$\sigma_r \cdot r \cdot 2d\alpha \cdot dl - \left(\sigma_r + \frac{d\sigma_r}{dr} \cdot dr\right) \cdot (r + dr) \cdot 2d\alpha \cdot dl + 2 \cdot \sigma_t \cdot dr \cdot dl \cdot \sin d\alpha = 0 \qquad (5\text{-}7)$$

Mit sin (dα) ≈ α, unter Vernachlässigung des unendlich kleinen Gliedes $(d\sigma_r/dr)\cdot(dr)^2$ ergeben sich mit dem Hookeschen Gesetz für den 3-achsigen Spannungszustand unter Voraussetzung gleichmäßiger Verteilung der Axialkräfte die Spannungen an der herausgeschnittenen Kreisscheibe in Abhängigkeit vom Radius r. Der Index i bzw. a bezeichnet das das jeweilige Bauteil betreffende Innen- bzw. Außenmaß, und es gilt mit dem Radienverhältnis $Q = R_i/R_a$ nach /BAC-24/:

$$\sigma_r(r) = \frac{1}{1-Q^2}\left[\sigma_{ra} - \left(\frac{R_i}{R_a}\right)^2 \sigma_{ri} + \left(\sigma_{ri} - \sigma_{ra}\right) \cdot \left(\frac{R_i}{r}\right)^2\right]$$

$$\sigma_t(r) = \frac{1}{1-Q^2}\left[\sigma_{ra} - \left(\frac{R_i}{R_a}\right)^2 \sigma_{ri} - \left(\sigma_{ri} - \sigma_{ra}\right) \cdot \left(\frac{R_i}{r}\right)^2\right]$$

$$(5\text{-}8)$$

Die aufgrund des Übermaßes auftretende Fugenpressung ruft in Dübel und Basisteil Spannungen in radialer und tangentialer Richtung hervor. Werden, wie in der Mechanik üblich, Druckspannungen negativ und Zugspannungen positiv angesetzt, so gilt für die Radialspannungen in der Fuge das Spannungsgleichgewicht:

$$\sigma_{rBi} = \sigma_{rDa} = -p(x) \tag{5-9}$$

Am Außendurchmesser des Basisteils kann keine Radialspannung wirksam werden. Es wird $\sigma_{rBa} = 0$.

Weil der Dübel ein volles Innenteil mit dem Innendurchmesser $R_{Di} = 0$ ist, wird das Radienverhältnis für den Dübel:

$$Q_D = \frac{R_{Di}}{R_F} = \frac{R_{Di}}{R_D(x) - \Delta R_D(x)} = 0 \tag{5-10}$$

Zusammen mit dem Radienverhältnis für das Basisteil:

$$Q_B = \frac{R_F}{R_{Ba} + \Delta R_{Ba}} = \frac{R_{Bi} + \Delta R_{Bi}}{R_{Ba} + \Delta R_{Ba}} \approx \frac{R_{Bi}}{R_{Ba}} \tag{5-11}$$

$$\underbrace{\qquad\qquad\qquad\qquad\qquad}_{\text{wegen } R_{Bi} \gg \Delta R_{Bi} \text{ und } R_{Ba} \gg \Delta R_{Ba}}$$

ergeben sich die vom Radius unabhängigen Radial- und Tangentialspannungen für den Dübel in Abhängigkeit von der Fugenpressung $p(x)$ zu:

$$\sigma_{rD}(r,x) = \sigma_{rD}(x) = -p(x)$$
$$\sigma_{tD}(r,x) = \sigma_{tD}(x) = -p(x) \tag{5-12}$$

Für das Basisteil ergibt sich durch Einsetzen von (5-9) und (5-11) in (5-8) mit $\sigma_{rBa} = 0$, Umformen und Ausklammern des quadrierten Radienverhältnisses:

$$\sigma_{rB}(r,x) = -\frac{Q_B^2}{1-Q_B^2} \cdot \left[\left(\frac{R_{Ba}}{r}\right)^2 - 1\right] \cdot p(x)$$

$$\sigma_{tB}(r,x) = \frac{Q_B^2}{1-Q_B^2} \cdot \left[\left(\frac{R_{Ba}}{r}\right)^2 + 1\right] \cdot p(x) \tag{5-13}$$

Der Zusammenhang der Radialverschiebungen aus (5-6) mit den Spannungen erfolgt nach dem Hookeschen Gesetz. Für den ebenen Spannungszustand treten keine Axial- und Schubspannungen auf.

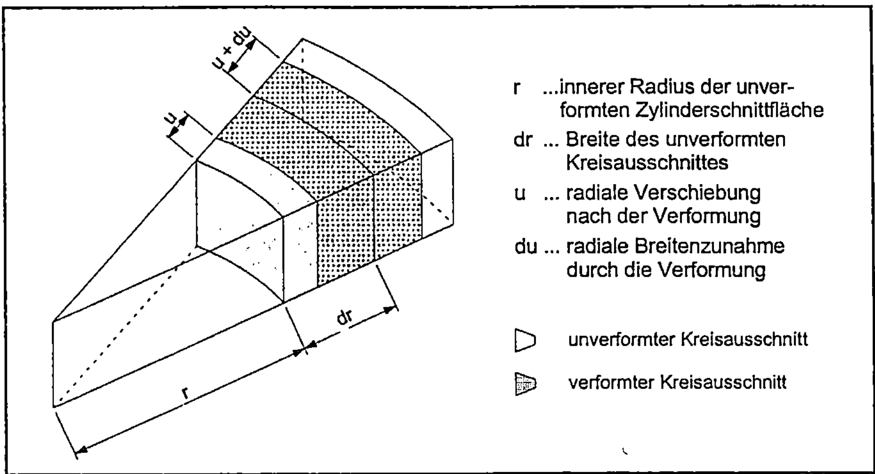

__Bild 5.11:__   Verformung eines Kreisausschnittes bei rotationssymmetrischem Spannungszustand

Mit den Bezeichnungen nach __Bild 5.11__, der Querkontraktionszahl μ und dem Elastizitätsmodul E gilt nach /DUB-90/:

$$\varepsilon_r = \frac{du}{dr} = \frac{1}{E}\left(\sigma_r - \mu\sigma_t\right)$$
$$\varepsilon_t = \frac{u}{r} = \frac{1}{E}\left(\sigma_t - \mu\sigma_r\right)$$

$$(5\text{-}14)$$

Daraus folgt, daß sich die Radialverschiebung über die Tangentialdehnung errechnen läßt.

Für den Dübel wird mit (5-12), (5-14), $u = \Delta R_D(x)$ und $r = R_D(x)$:

$$\Delta R_D(x) = R_D(x) \cdot \frac{1}{E_D} \cdot \left(\mu_D - 1\right) \cdot p(x)$$

$$(5\text{-}15)$$

Für das Basisteil wird mit (5-13), (5-14), $u = \Delta R_{Bi}$ und $r = R_{Bi}$:

$$\Delta R_{Bi} = R_{Bi} \cdot \frac{1}{E_B} \cdot \left(\frac{1 + Q_B^2}{1 - Q_B^2} + \mu_B\right) \cdot p(x)$$

$$(5\text{-}16)$$

Aus (5-6) folgt mit (5-15) und (5-16):

$$p(x) = \frac{R_D(x) - R_{Bi}}{\dfrac{R_{Bi}}{E_B} \cdot \left(\dfrac{1+Q_B^2}{1-Q_B^2} + \mu_B \right) + \dfrac{R_D(x)}{E_D} \cdot (\mu_D - 1)} \qquad (5\text{-}17)$$

Der Fugendruck p(x) kann abhängig vom auftretenden Übermaß zu Verformungen führen, die zwischen rein elastischem und vollplastischem Verhalten einzuordnen sind. Die mit der modifizierten Schubspannungs- und Gestaltänderungsenergiehypothese (MSH) anteilig aus der Radial- und Tangentialspannung gebildete Vergleichsspannung muß bei rein elastischem Verhalten unterhalb eines materialabhängigen Werkstoffkennwertes bleiben /DIE-88/. Mit den in Kapitel 5.4.6 hergeleiteten Größen (5-47) und (5-48), R_{Bi} = 6 mm, R_{Ba} = 12,5 mm und p(x) aus (5-17) ergibt sich ein Plastizitätsübermaß U_{plast}, nach dessen Überschreiten der Dübel plastisch verformt wird:

$$U_{plast} = R_D(x) - R_{Bi} \approx 0,02 \text{ mm} \qquad (5\text{-}18)$$

Bei Annahme eines idealplastischen Verhaltens im zu erwartenden Verformungsbereich steigt der Fugendruck dann nicht mehr weiter an.

Unter Berücksichtigung der Plastizität berechnet sich die Einpreßkraft in der Trockenreibungsphase mit dem Radius $R_D{}'(x)$ nach (5-20). Die Verwendung von $R_D{}'(x)$ anstelle von $R_D(x)$ bewirkt eine Überprüfung der Plastizitätsbedingung: Es wird ermittelt, für welche x das Plastizitätsübermaß U_{plast} = 0,02 mm überschritten wird. Aus (5-5) wird:

$$F_{TR}(z) = \mu_{Gl} \cdot (z - h_F) \cdot \int_{x=0}^{\pi \cdot D_N} \frac{R_D{}'(x) - R_{Bi}}{\dfrac{R_{Bi}}{E_B} \left(\dfrac{1+Q_B^2}{1-Q_B^2} + \mu_B \right) + \dfrac{R_D{}'(x)}{E_D} \cdot (\mu_D - 1)} \, dx \qquad (5\text{-}19)$$

für alle $R_D{}'(x) > R_{Bi}$ und für $h_F \leq z < h_B$

$$R_D{}'(x) = \begin{cases} R_{Bi} + U_{plast} & \text{für } R_D(x) - R_{Bi} > U_{plast} \\ R_D(x) & \text{für } R_D(x) - R_{Bi} \leq U_{plast} \end{cases} \qquad (5\text{-}20)$$

5.4.3 Berechnung des Fügekraftverlaufs während der Leimverdrängungsphase

Für strukturviskose Fluide wurde in experimentellen und theoretischen Untersuchungen das Strömungsverhalten in Kreis- und Rechteckquerschnitten untersucht

/BAR-91/, /BÖH-81/. In der Literatur sind jedoch keine Berechnungsmodelle bekannt, die kapillarähnliche Strömungskanäle mit beliebiger Oberflächenkontur berücksichtigen, welche sich beim Dübelfügeprozeß in der Leimverdrängungsphase ausbilden. Die Theorie einer vollausgebildeten Strömung bei Newtonschen Flüssigkeiten im axialen Kreisring ergibt keine hinreichende Beschreibung der Versuchsergebnisse.

5.4.3.1 Berechnung der Quetschströmung zwischen Dübel und Bohrgrund

Werden zwei Kreisscheiben aufeinander zubewegt, wird eine ursprünglich zwischen den Platten befindliche zähe Flüssigkeit nach außen gedrängt. Diese „Quetschströmung" ist abhängig von den rheologischen Eigenschaften des Fluides, der Geschwindigkeit, mit der sich die Platten aufeinander zubewegen, dem Radius der Platten und der durch den geöffneten Mantel gebildeten Abströmfläche der Anordnung.

Verantwortlich für den Widerstand beim Zusammenpressen der Platten ist die innere Reibung des viskosen Mediums. Die Fluidteilchen können nur gegen die zwischen ihnen vorliegende Reibung aus dem Plattenzwischenraum gequetscht werden.

Hochdisperse, viskose Stoffe, wie die bei den Einpreßversuchen verwendeten PVAc-Leime, weisen bei höheren Verformungsgeschwindigkeiten gleiche Effekte auf. Das in Bild 5.12 skizzierte Leimvolumen wird axial unter dem Dübel eingequetscht und muß zwangsläufig radial abströmen. Die resultierende Druckkraft des so entstandenen Druckpolsters hält der Einpreßkraft das Gleichgewicht.

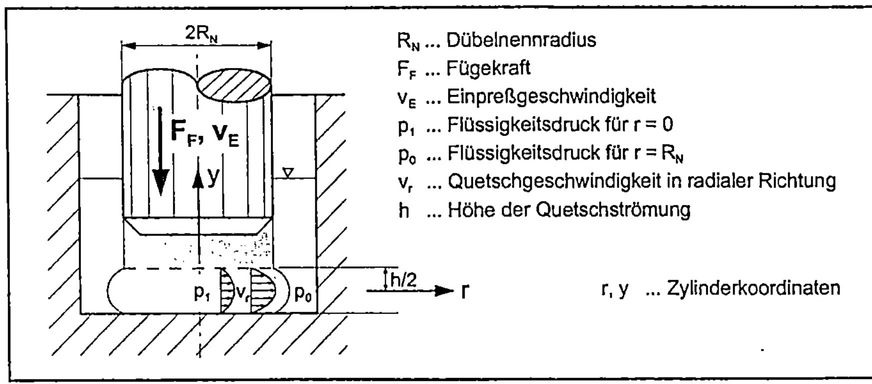

Bild 5.12: Quetschströmung unter dem Dübel

Jede zylindrische Kontrollfläche der Größe $2\pi rh$ wird von einem Volumenstrom dV/dt durchflossen. Es gilt:

$$\dot{V} = 2\pi r \int_{-h/2}^{h/2} v_r\, dy \qquad (5\text{-}21)$$

Die Strömung ist als solche keine einfache stationäre Schichtenströmung, sie ist nicht viskosimetrisch. An den Wänden wirkt eine reine Scherströmung, während in der Kanalmitte aufgrund der Symmetrie eine reine Dehnströmung vorliegt.

Die Höhe der Quetschströmung h kann durch die Kontinuitätsbedingung ausgedrückt werden. Bei Annahme gleicher Geschwindigkeitsverteilung für die unterdeckende Querschnittsfläche A_u und $h \cdot 2\pi R_N$ gilt:

$$h = \frac{A_u}{2\pi R_N} \qquad (5\text{-}22)$$

Für $h \ll R_N$ treten in y-Richtung große, in r-Richtung hingegen vergleichsweise kleine Geschwindigkeitsänderungen auf, die Schubdeformation der flüssigen Teilchen ist groß gegenüber ihrer Dehnung. Die auftretenden Reibungsspannungen können somit durch die wesentliche Geschwindigkeitsänderung $\partial v_r/\partial y$ ausreichend beschrieben werden. Die Gesetze für die ebene, stationäre Schichtenströmung gelten in guter Näherung.

Mit der Schergeschwindigkeit:

$$\dot{\gamma} = \frac{\partial v_r}{\partial y} \qquad (5\text{-}23)$$

und dem die Quetschströmung hinreichend beschreibenden Fließgesetz für Newtonsche Flüssigkeiten wird:

$$\tau = \eta \cdot \dot{\gamma} = \eta \cdot \frac{\partial v_r}{\partial y} \qquad (5\text{-}24)$$

Für $y = 0$ verschwinden die Schubspannungen, und es gilt mit dem Druckgradienten dp/dr nach /BEC-86/ die Abhängigkeit:

$$\tau = y\,\frac{dp}{dr} \qquad (5\text{-}25)$$

Aus (5-24) und (5-25) berechnet sich der Geschwindigkeitsgradient in y-Richtung zu:

$$\frac{\partial v_r}{\partial y} = \frac{y}{\eta} \cdot \frac{dp}{dr} \tag{5-26}$$

Bewegt sich der Dübel mit der Einpreßgeschwindigkeit v_E , so gilt für den Fluß durch eine zylindrische Kontrollfläche im Abstand r von der Symmetrieachse neben (5-24) weiterhin die Beziehung:

$$\dot{V} = v_E \cdot \pi r^2 \tag{5-27}$$

Zusammen ergibt sich:

$$r \cdot v_E = 2 \int_{-h/2}^{h/2} v_r \, dy \tag{5-28}$$

Unter Berücksichtigung der Schergeschwindigkeitssymmetrie bezüglich der Kanalmitte, nach partieller Integration und wegen $v_r\,(y = h/2) = 0$ folgt mit (5-26):

$$r \cdot v_E = 4 \int_{0}^{h/2} v_r \, dy = 4 \cdot \left(\left[y \cdot v_r \right]_0^{h/2} - \int_0^{h/2} y \frac{\partial v_r}{\partial y} \, dy \right) = -4 \cdot \frac{1}{\eta} \cdot \frac{dp}{dr} \cdot \left[\frac{1}{3} y^3 \right]_0^{h/2} \tag{5-29}$$

$$\Rightarrow r \cdot v_E = -\frac{1}{6} \cdot \frac{h^3}{\eta} \cdot \frac{dp}{dr}$$

Durch Auflösen nach dem Druckgradienten und Integration von $r = 0$ bis $r = R_N$ wird:

$$-\int_{p_1}^{p_0} dp = p_1 - p_0 = 6 \cdot \eta \cdot \frac{v_E}{h^3} \int_0^{R_N} r \, dr = 3 \cdot \eta \cdot \frac{v_E \cdot R_N^2}{h^3} \tag{5-30}$$

Der Zusammenhang zwischen dem Einpreßwiderstand F_{LI} und der Druckdifferenz $p_1 - p_0$ berechnet sich durch die Integration des Druckverlaufs $p(r)$: Mit $p_1 + p_0 = 2F_{LI}/\pi R_N^2$, $p_0 = 0$ und mit (5-22) ergibt sich für den ersten Berechnungsschritt der Leimverdrängungsphase:

$$\boxed{F_{LI} = 12 \cdot \eta \cdot \frac{v_E \cdot \pi^4 R_N^7}{A_u^3}} \qquad \text{für } h_B - h_L \le z < h_B \tag{5-31}$$

Diese Kraft wirkt während der gesamten Leimverdrängungsphase, da alle nachströmenden Flüssigkeitsvolumina durch die unterdeckende Fläche gequetscht werden müssen.

Im Bereich sehr kleiner Unterdeckungen sind gegenüber (5-31) höhere Widerstandskräfte zu erwarten. Um bei abnehmender Abströmfläche der Kontinuitätsbedingung zu genügen, muß die Fließgeschwindigkeit im Spalt zwischen Dübel und Bohrungswandung v_{Sp} stark anwachsen. Aufgrund der Haftbedingungen und den Strömungswiderständen im axialen Ringspalt kann jedoch nicht jede beliebige Geschwindigkeit erreicht werden. v_{Sp} konvergiert also gegen eine Maximalgeschwindigkeit. Dadurch steigt der Druckgradient unter dem Dübel und zwingt die Systemgrenzen nach außen. Die Bohrung im Basisteil wird aufgeweitet und vergrößert mit ihr die unterdeckende Fläche im Bereich des Strömungseinlaufes (s. a. Kapitel 5.6).

5.4.3.2 Berechnung der Strömung zwischen Bohrungswandung und Fügeteil

Während das Dispersionsvolumen unter dem Fügeteil gegen die innere Flüssigkeitsreibung nach außen gequetscht wird, sucht sich der Leim wegen des Überdrucks einen Weg zur Basisteiloberfläche. Ein zu vernachlässigender Volumenanteil sorbiert in die Lumina des Buchenholzes.

Für die Strömung im Wandungsbereich nutzt das Dispersionsmittel die von den Riffeln und der Bohrungswandung begrenzten Strömungskanäle. Der gesamte Strömungsquerschnitt entspricht dabei der gegenüber der Basisteilbohrung unterdeckenden Dübelfläche. Die Strömung durch die vielen einzelnen Kapillaren kann durch eine axiale Kreisringströmung mit der Spaltbreite r_{Sp} modelliert werden.

In Bild 5.13 ist zum Aufstellen des Kräftegleichgewichts ein Element des Ringspaltes herausgeschnitten. Das Spannungsgleichgewicht an diesem Element der Breite dr und der Höhe dy ergibt für die y-Richtung:

$$-\frac{dp}{dy} = \frac{\partial \tau}{\partial r} \qquad (5\text{-}32)$$

Da beim Strömen des Dispersionsmittels die strukturviskosen Eigenschaften großen Einfluß auf das Fließverhalten haben, gilt nach dem Ostwaldschen Potenzgesetz mit dem Konsistenzfaktor K und dem Fließexponenten n /KUL-86/:

$$-\frac{dp}{dy} = \frac{\partial}{\partial r}\left(K \cdot \left(-\frac{\partial v}{\partial r}\right)^{n}\right) \qquad (5\text{-}33)$$

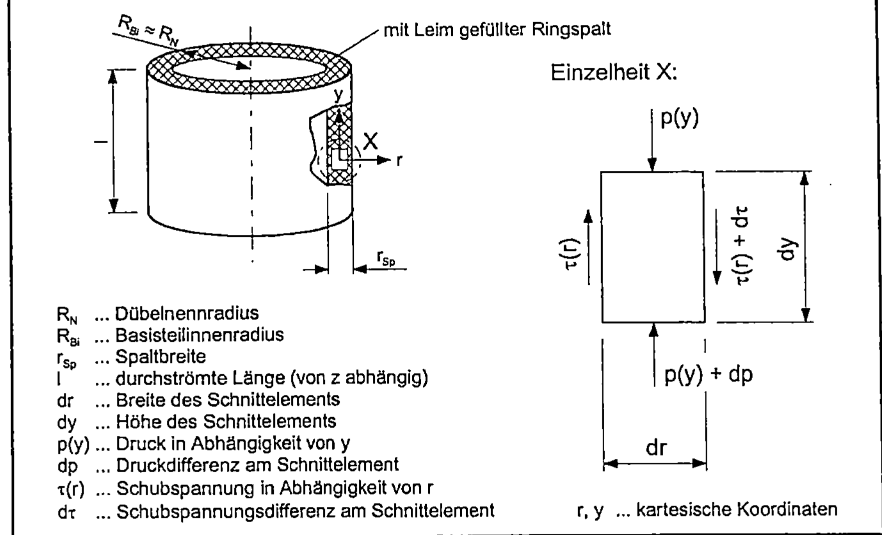

<u>Bild 5.13</u>:　　Kräftegleichgewicht eines Volumenelements im axial durchströmten Kreisring

Nach zweifacher Integration über r und Einsetzen der Haftbedingung (für r = ± r_{Sp}/2 wird v(r) = 0) gilt:

$$v(r) = \frac{n}{n+1} \cdot \left(\frac{1}{K} \cdot \left(-\frac{dp}{dy} \right) \right)^{1/n} \cdot \left(\frac{r_{Sp}}{2} \right)^{(n+1)/n} \cdot \left(1 - \left(\frac{r}{\frac{r_{Sp}}{2}} \right)^{(n+1)/n} \right) \tag{5-34}$$

Der Volumenstrom durch den gesamten Strömungsquerschnitt beträgt:

$$\dot{V} = 2\pi R_N \int_{-r_{Sp}/2}^{r_{Sp}/2} v(r)\, dr = 4\pi R_N \int_{0}^{r_{Sp}/2} v(r)\, dr \tag{5-35}$$

Nach Einsetzen von (5-34), Integration und Umformen bleibt:

$$\dot{V} = 4\pi R_N \cdot \frac{n}{2n+1} \cdot \left(\frac{1}{K} \cdot \left(-\frac{dp}{dy} \right) \right)^{1/n} \cdot \left(\frac{r_{Sp}}{2} \right)^{(2n+1)/n} \tag{5-36}$$

Mit dem Volumenstrom dV/dt = $v_E \cdot \pi R_N^2$ und dem Druckgefälle -dp/dy = $F(l)_{Lil}/(l \cdot \pi R_N^2)$ ergibt sich nach Auflösen:

$$F_{LII}(I) = I \cdot K \cdot \pi R_N^{n+2} \cdot \frac{\left[\frac{1}{4} \cdot v_E \left(2 + \frac{1}{n}\right)\right]^n}{\left(\frac{r_{Sp}}{2}\right)^{2n+1}} \qquad (5\text{-}37)$$

Die Spaltbreite des Ringspaltes errechnet sich unter Vernachlässigung der kleinen Differenz zwischen R_{BI} und R_N aus der unterdeckenden Fläche zu:

$$r_{Sp} = R_{BI} - \sqrt{R_{BI}^2 - \frac{A_u}{\pi}} \approx R_N - \sqrt{R_N^2 - \frac{A_u}{\pi}} \qquad (5\text{-}38)$$

Bezieht man die Kraft nicht auf die Steighöhe des Leimes im Ringspalt I sondern auf den Einpreßweg z, so ergibt sich aus der Kontinuitätsgleichung:

$$I = \left[z - \left(h_B - h_L\right)\right] \cdot \frac{\pi R_N^2}{A_u} \quad \text{für } h_B - h_L \le z < h_B \qquad (5\text{-}39)$$

Dies gilt für den Fall optimal eingefüllter Leimmenge. Dann wird für $z = h_B$ die Steighöhe I ebenfalls gleich der Bohrungstiefe h_B. Wird zuwenig Leim eingefüllt, beginnt der Fügekraftanstieg der Leimverdrängungsphase später, bei zuviel Leim steigt die Fügekraft ab dem Herausquillen des Leimes an der Basisteiloberfläche nur noch um den Kraftanteil der Trockenreibungsphase weiter an. Die Einpreßkraft für den zweiten Berechnungsschritt der Leimverdrängungsphase wird mit (5-37), (5-38) und (5-39):

$$\boxed{F_{LII}(z) = \left[z - h_B + h_L\right] \cdot K \cdot \frac{\pi^2 R_N^{n+4}}{A_u} \cdot \frac{\left[\frac{1}{4} \cdot v_E \left(2 + \frac{1}{n}\right)\right]^n}{\left(\frac{R_N - \sqrt{R_N^2 - \frac{A_u}{\pi}}}{2}\right)^{2n+1}}} \quad \text{für } h_B - h_L \le z < h_B \quad (5\text{-}40)$$

5.4.4   Bestimmung des Konsistenzfaktors und des Fließexponenten

Das verwendete Dispersionsmittel weist für große Einpreßgeschwindigkeiten und die damit verbundenen hohen Schergeschwindigkeiten ein deutlich strukturviskoses Fließverhalten auf. Die in Datenblättern wiedergegebene Ruhescherviskosität beschreibt das Strömungsverhalten der Leime nur für Newtonsches Verhalten. Sie berücksichtigt nicht die Abnahme der dynamischen Viskosität mit steigender Scher-geschwindigkeit. Der reale Zusammenhang zwischen Schubspannung $d\tau$ und Schergeschwindigkeit $d\gamma/dt$ läßt sich für strukturviskose Fluide mit dem Fließgesetz nach Ostwald und de Waele beschreiben:

$$\tau = K \cdot \dot{\gamma}^n \qquad n < 1 \text{ für strukturviskose Fluide} \qquad (5\text{-}41)$$

Der Zusammenhang zwischen Fließexponent n und Konsistenzfaktor K ist in Bild 5.14 dargestellt. Mit steigendem Festkörperanteil der Dispersion fällt der Fließ-exponent ab. Die in den Versuchen verwendeten Leime sind durch Punkte markiert.

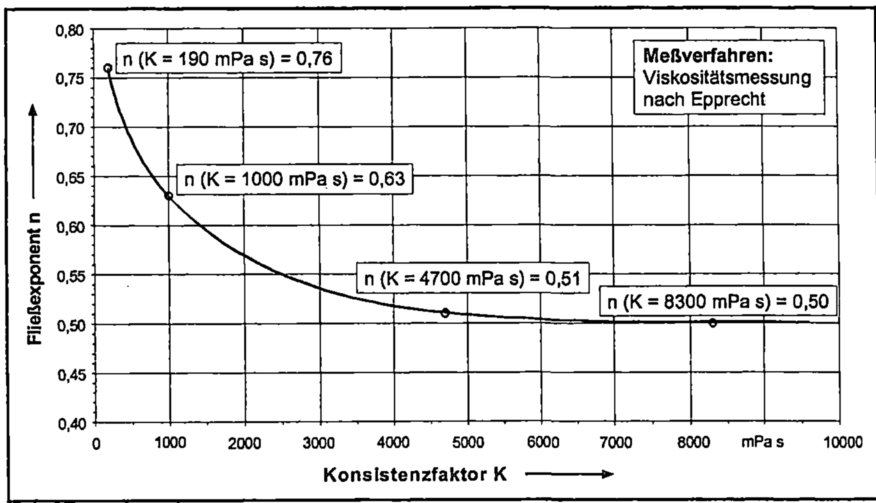

Bild 5.14:   Fließexponent und Konsistenzfaktor

5.4.5   Berechnung der optimalen Leimfüllhöhe

Die Dübelbohrung ist optimal mit Leim gefüllt, wenn gerade noch kein Leim an der Basisteiloberfläche austritt. Dieses optimale Leimvolumen $V_{L,opt}$ entspricht der Summe mehrerer Einzelvolumina. Der durch die Riffel zwischen Dübel und Basisteil gebildete Hohlraum V_{Riffel}, das Volumen der Dübelfase V_{Fase}, die durch den Dübel-bohrer im Basisteil gebildeten Rotationsvolumina von Zentrierspitze $V_{Zentrier}$ und Vor-schneider V_{Vor} sowie dem Diffusionsvolumen V_{Diff}:

$$V_{L,\,opt} = V_{Riffel} + V_{Fase} + V_{Zentrier} + V_{Vor} + V_{Diff} \qquad (5\text{-}42)$$

Die geometrischen Größen am Dübelbohrer sind in <u>Bild 5.15</u> dargestellt.

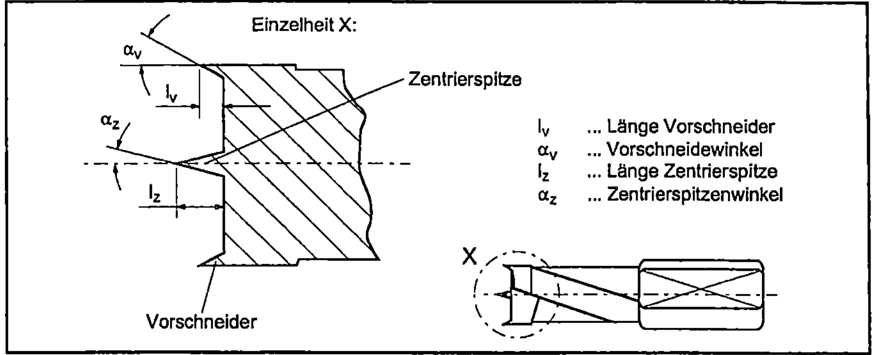

<u>Bild 5.15</u>:   Geometrische Verhältnisse am Dübelbohrer

Unter Vernachlässigung der Diffusionsvolumenanteile ($V_{Diff} = 0$) bei Harthölzern ergibt sich für das optimale Leimvolumen mit dem Fasenwinkel am Dübel α_F:

$$V_{L,\,opt} = A_u \cdot \left(h_B - h_F\right) + \pi \cdot h_F^2 \cdot \left[R_N \cdot \tan\alpha_F - \frac{1}{3} \cdot h_F \cdot \left(\tan\alpha_F\right)^2\right]$$

$$+ \frac{\pi}{3} \cdot l_Z^3 \cdot \left(\sin\alpha_Z\right)^2 + \pi \cdot l_V^2 \cdot \left[R_N \cdot \tan\alpha_V - \frac{1}{3} \cdot l_V \cdot \left(\tan\alpha_V\right)^2\right] \tag{5-43}$$

Als Bezugsniveau für die optimale Leimfüllhöhe gilt der Bohrgrund ohne die Vertiefungen von Zentrierspitze und Vorschneider. Dadurch ergibt sich:

$$h_{L,\,opt} = \frac{A_u \cdot \left(h_B - h_F\right) + \pi \cdot h_F^2 \cdot \left[R_N \cdot \tan\alpha_F - \frac{1}{3} \cdot h_F \cdot \left(\tan\alpha_F\right)^2\right]}{\pi \cdot R_N^2} \tag{5-44}$$

5.4.6   Ermittlung des Elastizitätsmoduls und der Querkontraktionszahl

Elastizitätsmodul

Die elastischen Eigenschaften von Hölzern variieren nach Belastungsart und -richtung. Während die Elastizitätsmoduln für Zug, Druck und Biegung zahlenmäßig nah beieinander liegen, ist der Einfluß der Faserrichtung von großer Bedeutung. Um Mittelwerte zwischen den Elastizitätsmoduln bilden zu können, sind in Anlehnung an

/KOL-83/ entsprechende Dehnungszahlen α zu verwenden. Sie geben ein Maß für die von der Belastung abhängige Formänderung an:

$$\varepsilon = \alpha \cdot \sigma \quad \Rightarrow \quad \alpha = \frac{\varepsilon}{\sigma} = \frac{1}{E} \tag{5-45}$$

Der Mittelwert E_m von zwei Elastizitätsmoduln E_1 und E_2 berechnet sich aus den zugehörigen Dehnungszahlen nach:

$$E_m = \frac{1}{\alpha_m} = \frac{1}{\frac{\alpha_1 + \alpha_2}{2}} = \frac{2 \cdot E_1 E_2}{E_1 + E_2} \tag{5-46}$$

Beim Einpressen der Riffeldübel in Richtung der Fasern des Basisteils treten an den Werkstücken tangentiale und radiale Zug- und Druckkräfte auf. Für Buchenholz ergibt sich als Mittelwert zwischen den Elastizitätsmoduln für tangentiale und radiale Belastung ($E_t = 1160$ N/mm^2 und $E_r = 2280$ N/mm^2 nach /NIE-30/) ein Mittelwert von:

$$E_{m(t,\,r)} \approx 1538 \, \frac{N}{mm^2} \tag{5-47}$$

Querkontraktionszahl

Für den vorliegenden Belastungsfall interessieren die bei radialer bzw. tangentialer Belastung auftretenden Formänderungen in tangentialer bzw. radialer Richtung. Dieser Zusammenhang zwischen Beanspruchung und senkrecht dazu auftretender Verformung wird durch die Querkontraktionszahlen $\mu_{t,r}$ und $\mu_{r,t}$ ausgedrückt. Aufgrund der Symmetrie des Spannungstensors ist $\mu_{t,r} = \mu_{r,t}$. Die Querkontraktionszahl $\mu_{t,r}$ berechnet sich aus der Querdehnungszahl $S_{t,r}$ und dem Elastizitätsmodul E_r und wird nach /KOL-51/ zu:

$$\mu_{t,r} = S_{t,r} \cdot E_r \approx 0{,}71 \tag{5-48}$$

5.4.7 Ermittlung von Korrekturfaktoren

Basierend auf dem Vergleich zwischen den Meßergebnissen einzelner Phasen aus Kapitel 5.2 und den ermittelten theoretischen Formeln ergeben sich von der Querschnittsgeometrie des Dübels abhängige Korrekturwerte für die Leimverdrängungsphase. Ursache hierfür sind die Aufweitungseffekte des Druckpolsters, die die Strömungswiderstände im axialen Kreisring beeinflußen.

Ermittlung der Korrekturwerte für die Quetschströmung

Aufgrund der Vergrößerung der effektiven Spaltbreite wird die in (5-31) eingesetzte unterdeckende Dübelfläche mit dem Korrekturfaktor ψ_{LI} modifiziert. Es ergibt sich die in <u>Bild 5.16</u> dargestellte Korrekturwertkurve für ψ_{LI}.

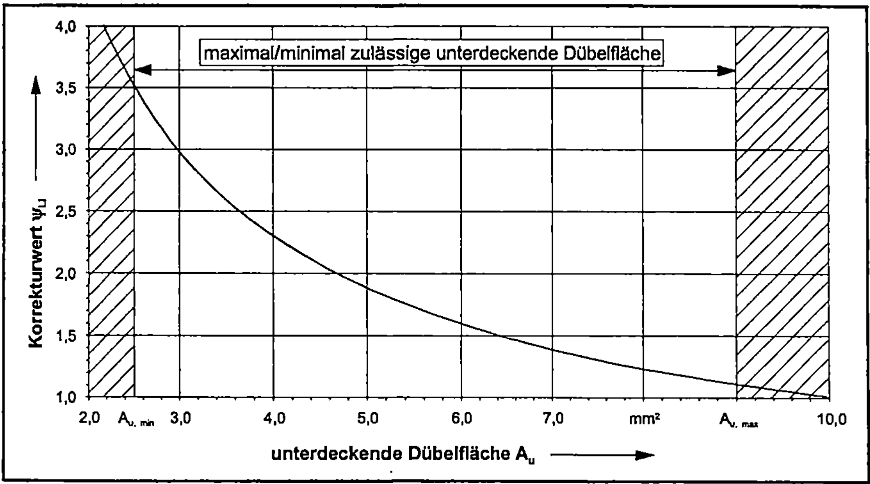

<u>Bild 5.16:</u>   Geometrieabhängiger Korrekturwert ψ_{LI}

Trägt man die empirischen Ergebnisse für F_{LI} in Abhängigkeit von der Fügegeschwindigkeit v_E auf, so schneidet diese Funktion nicht den Koordinatenursprung. Die Reibungseffekte der Quetschströmung werden erst für Einpreßgeschwindigkeiten $v_E \geq 0,01$ m/s wirksam. Damit berechnet sich die Fügekraft im ersten Berechnungsschritt der Leimverdrängungsphase zu:

$$F_{LI}{}^{\star} = 12 \cdot \eta \cdot \left(v_E - v_0\right) \cdot \frac{\pi^4 R_N{}^7}{\left(\psi_{LI} \cdot A_u\right)^3} \tag{5-49}$$

für $h_B - h_L \leq z < h_B$; $v_0 = 0,01 \; \dfrac{m}{s}$; $\psi_{LI} = f(A_u)$

Ermittlung der Korrekturwerte für die axiale Kreisringströmung

Anhand von <u>Bild 5.17</u> läßt sich aus den durchgeführten Meßreihen der Korrektur-faktor ψ_{LII} für die Dispersionsverdrängung in der zweiten Berechnungsphase des Fügeprozesses ermitteln.

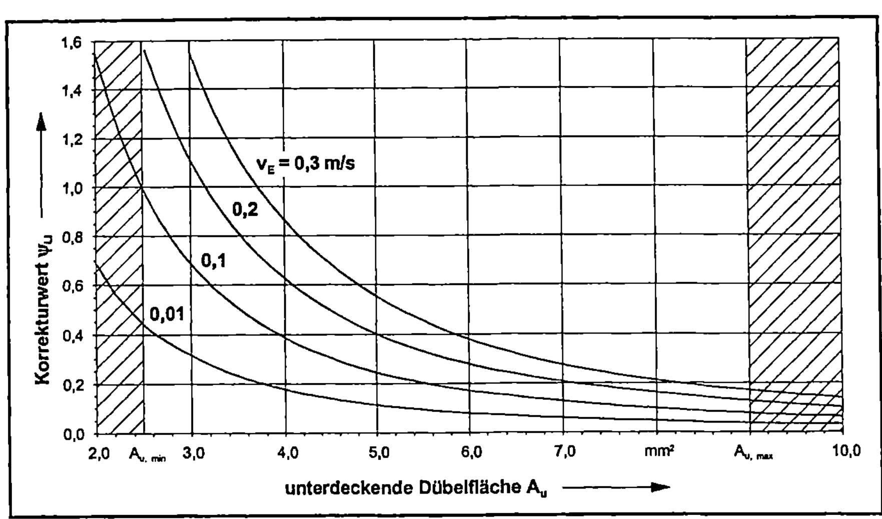

<u>Bild 5.17:</u>   Geometrie- und geschwindigkeitsabhängiger Korrekturwert ψ_{LII}

Mit dem Korrekturwert ψ_{LII} wird die Fügekraft nach Gleichung (5-40) zu:

$$F_{LII}{}^{*}(z) = \left[z - h_B + h_L\right] \cdot K \cdot \frac{\pi^2 R_N{}^{n+4}}{A_u} \cdot \frac{\left[\frac{1}{4} \cdot v_E\left(2 + \frac{1}{n}\right)\right]^n}{\psi_{LII} \cdot \left(\frac{R_N - \sqrt{R_N{}^2 - \dfrac{A_u}{\pi}}}{2}\right)^{2n+1}} \qquad (5\text{-}50)$$

für $h_B - h_L \le z < h_B$; mit $\psi_{LII} = f(A_u, v_E)$

5.4.8   Bestimmung der Hüllkurve

Die angegebenen Eigenschaftswerte der Hölzer und Dispersionsklebstoffe können nur als mittlere Kennwerte interpretiert werden. Die Bestimmung von Festigkeitskennwerten ist bei Hölzern abhängig von der verwendeten Prüfmethode, der Größe des Prüfkörpers und der Belastungsgeschwindigkeit. Weiterhin beeinflussen äußere Bedingungen wie Temperatur und Luftfeuchte die Meßergebnisse. Bei gleicher Holzart können Schwankungen der Makro- und Mikrostruktur zu veränderlichen Werten führen. Dazu zählen Strukturmerkmale wie Jahrringbreite, Früh- und Spätholzanteil sowie Verlauf und Länge von Fasern und Kanälen. Nach /DIN-79a/ ergibt sich ein Variationskoeffizient der Elastizitätsmoduln E bei Buchenholz von 9,7%. In den USA wird unabhängig von der Holzart mit einem Koeffizienten von 22% gerechnet. Da sowohl die Elastizitätsmoduln wie auch die Querdehnungszahlen μ aus den Dehnungszahlen α berechnet werden, sollte für alle Festigkeits- und Verformungswerte eine Abweichung von mindestens ± 15% angenommen werden (Bild 5.18).

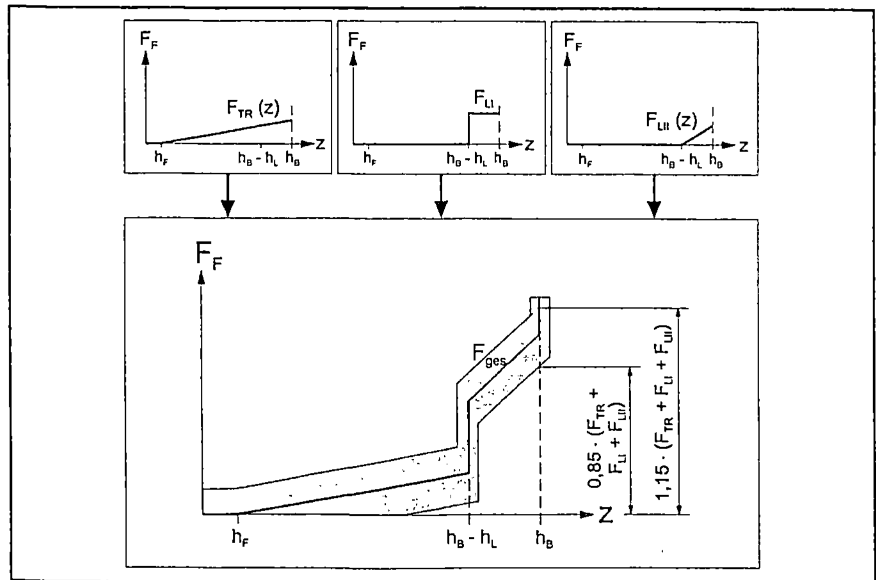

Bild 5.18:   Hüllkurve zur Überwachung des Einpreßprozesses

In der Leimverdrängungsphase ergeben sich ähnliche Koeffizienten. Hier sind die Viskosität η, der Konsistenzfaktor K und der Fließexponent n die mit Ungenauigkeiten behafteten Kennwerte. Grund hierfür ist die Abhängigkeit der Viskositätszahlen vom verwendeten Meßverfahren sowie die Änderung der Viskosität mit der Temperatur. Das Anstreben höherer Meßgenauigkeiten als $\pm$ 5 - 10% ist nach /BAU-67/ bei den meisten Messungen zwecklos. Eine Temperaturänderung um 1 °C ruft je nach Leimart eine Viskositätsänderung von 5 - 8% hervor.

Abweichungen von der Idealkurve sind zudem in der Wegkoordinate zu erwarten. Der Kraftanstieg beim Auftreffen auf den Leim ist abhängig von der Leimfüllhöhe, der Bohrlochtiefe und der Dübellänge. Es empfiehlt sich daher, auch für die z-Koordinaten h_F, h_L und h_B Toleranzen zuzulassen.

Die genannten Streuungen werden berücksichtigt, indem die rechnerisch ermittelte Fügekraft nach dem Hüllkurvenverfahren um $\pm$ 15% des Endwertes abweichen kann. Gleichzeitig werden Werte in z-Richtung mit $\pm$ 2% toleriert. Für die Prozeßüberwachung ergibt sich aus den Einzelkräften das in Bild 5.18 dargestellte Prozeßfenster.

6 Realisierung einer Pilotzelle zur flexibel automatisierten Montage von Riffeldübeln

6.1 Beschreibung des Produktaufbaus

Die in Kapitel 4 und 5 entwickelten Konzepte, Werkzeuge und Verfahren zur flexibel automatisierten Montage von Riffeldübeln wurden in einer Pilotzelle erprobt. Hierfür wurde eines der charakteristischen Produkte aus dem Analysenspektrum der untersuchten Gestellmöbel ausgewählt, welches bezüglich der Anzahl, Vielfalt, Komplexität und Varianz an Dübelverbindungen, Basisteilen und Konstruktionsbohrungen ein repräsentatives, aktuell im Markt befindliches Erzeugnis darstellt.

Das betrachtete Polstermöbelgestell aus der Produktfamilie "Funktionsmöbel mit Verstellfunktionen" besteht aus Basisbaugruppen und insgesamt 18 variantenbildenden Baugruppen, die als Baukastenkomponenten die verschiedenen Basisbaugruppen komplettieren. In Bild 6.1 ist ein exemplarischer Produktaufbau eines Polstermöbels mit Verstellfunktion (Schlafsofa) sowie das Basisteile- und Bohrungsspektrum nach durchgeführter montagegerechter Produktgestaltung dargestellt.

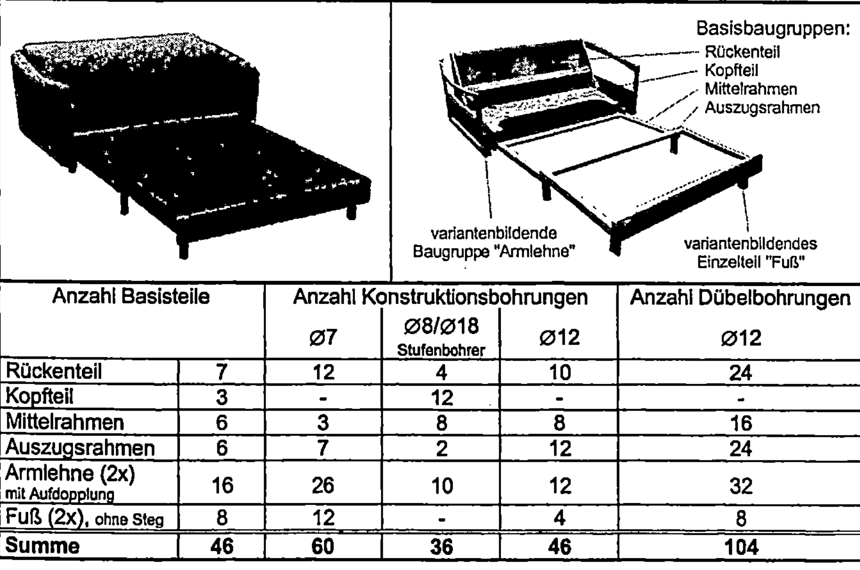

Anzahl Basisteile		Anzahl Konstruktionsbohrungen			Anzahl Dübelbohrungen
		Ø7	Ø8/Ø18 Stufenbohrer	Ø12	Ø12
Rückenteil	7	12	4	10	24
Kopfteil	3	-	12	-	-
Mittelrahmen	6	3	8	8	16
Auszugsrahmen	6	7	2	12	24
Armlehne (2x) mit Aufdopplung	16	26	10	12	32
Fuß (2x), ohne Steg	8	12	-	4	8
Summe	46	60	36	46	104

Bild 6.1: Exemplarischer Produktaufbau eines Polstermöbels mit Verstellfunktion

Der Produktaufbau ist gerade bei stark designbetonten, variantenbildenden Baugruppen durch eine Vielzahl an gekrümmten, nicht prismatischen Basisteilen charakterisiert, die komplexe Dübelmontageprozesse unter raumschrägen Bohr- und Fügerichtungen erfordern. Zur Erprobung der Pilotanlage wurde daher die Gestellmontage am Beispiel einer Armlehnenbaugruppe durchgeführt. Der erforderliche Montageumfang an den Basisteilen unter Vernachlässigung der in der Endmontage erforderlichen Aufdopplungen ist in Bild 6.2 dargestellt.

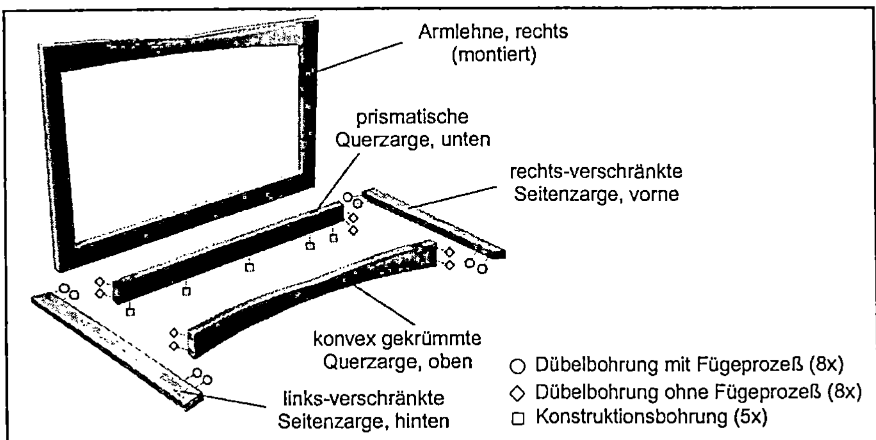

Bild 6.2:   Montageumfang bei der Gestellmontage am Beispiel einer Armlehnenbaugruppe

6.2   Gesamtaufbau der Pilotanlage

Der realisierte Gesamtaufbau wurde entsprechend den konzeptionellen Überlegungen in Kapitel 4.2 als Einplatzsystem mit roboterunterstützter Handhabung der Basisteile ausgelegt. Um einen Gesamtmontageablauf bei der Herstellung von Polstermöbelgestellen darstellen zu können, wurden neben den neu zu entwickelnden Werkzeugkomponenten bereits vorhandene Betriebsmittel eines Polstermöbelherstellers, wie beispielsweise die Bereitstellungseinheit für Basisteile, entsprechend modifiziert und in der Pilotanlage eingesetzt. Soweit möglich wurden für die Handhabung und das Spannen der Basisteile, die Vereinzelung der Fügeteile sowie das Verpressen der Basisteile zu Baugruppen im Pressenmodul marktgängige Komponenten eingesetzt. Den Gesamtaufbau der Pilotanlage zeigt Bild 6.3.

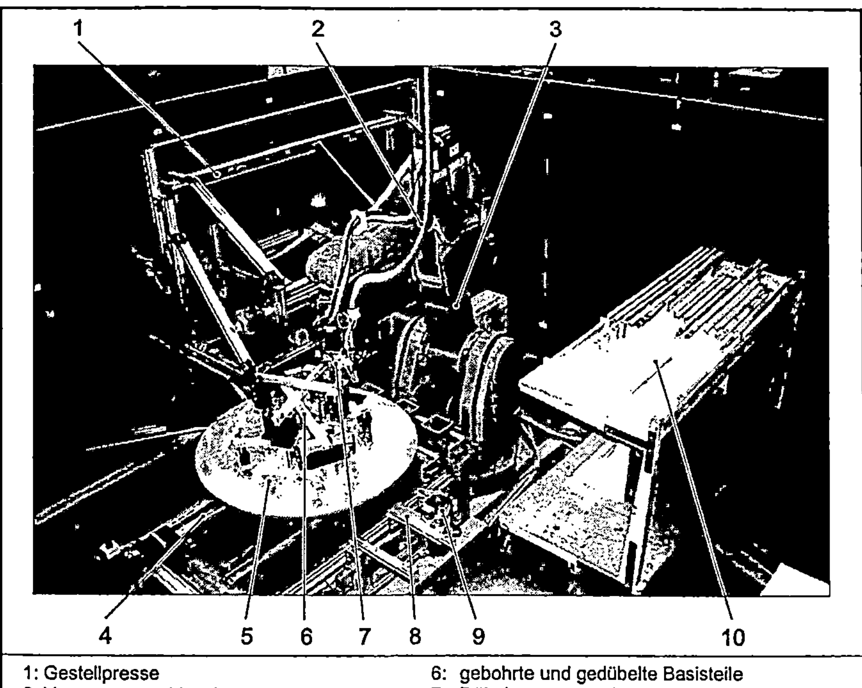

1: Gestellpresse	6: gebohrte und gedübelte Basisteile
2: Versorgungsschlauch	7: Dübelmontagewerkzeug
3: Industrieroboter	8: Werkzeugwechselbahnhof
4: Lineareinheit	9: Nadel-/Vakuumgreifer
5: Spanneinrichtung mit Basisteilen	10: Bereitstellungseinheit für Basisteile

<u>Bild 6.3:</u>   Aufbau der Pilotanlage

6.2.1   Handhabungssystem

Die Handhabung und Positionierung des Dübelmontagewerkzeugs, die Aufnahme der entstehenden Fügekräfte und -momente sowie die Handhabung der Basisteile mittels Greifer erfolgt in der Pilotzelle durch einen Vertikalknickarmroboter der Firma ABB. Der Roboter verfügt über eine Wiederholgenauigkeit von ± 0,1 mm und genügt damit den Genauigkeitsanforderungen bei der Dübelmontage. Für das Handhaben der Basisteile wurde ein Nadelgreifer der Firma Schunk mit einem Vakuumspannsystem so kombiniert, daß sowohl das Greifen prismatischer, gekrümmter und raumschräger als auch das Spannen plattenförmiger Basisteile möglich war.

Das Dübelmontagewerkzeug und der Nadel-/Vakuumgreifer werden in einem Werkzeugwechselbahnhof über das "Pick-Up"-Verfahren mittels Werkzeugwechselsystem der Firma Fein am Roboter angeflanscht.

6.2.2 Dübelmontagewerkzeug

Entsprechend den abgeleiteten Anforderungen sowie den in Kapitel 5 erarbeiteten Zusammenhängen wurde ein Dübelmontagewerkzeug konstruiert und realisiert (Bild 6.4). Im einzelnen wurden folgende Basissysteme integriert:

- Vorschubsystem zur Erzeugung des Bohrvorschubs und der Fügekraft
- Bohrspindelantriebssystem
- Revolverkopfwechselsystem mit Bohrwerkzeug und Späneabsaugung sowie Bereitstellungs-, Speicher- und Fügesystem für Holzdübel
- Dispensersystem zum Einbringen/Auftragen des Dispersionsklebstoffes
- CCD-Kamera zur Generierung der geometrischen Basisteilparameter
- Sensoren zur Prozeßüberwachung

Für die Auslegung des Vorschubsystems wurde eigens hierfür ein im direkten Kraftfluß des Roboterflansches liegender, integrierter Hydraulikzylinder entwickelt, dessen Zylinderboden als Querträger für das Säulenführungssystem dient. Zur Vermeidung von Hystereseeffekten bei der Kolbenansteuerung wurde ein 4/3-Servo-Wegeventil direkt an der Zylinderwandung befestigt. Die Erfassung und Überwachung der Vorschubbewegung und -geschwindigkeit erfolgt in Verbindung mit dem Prozeßüberwachungssystem (s. Kap. 6.2.4) über ein induktives Wegmeßsystem und je einem Drucksensor pro Zylinderkammer. Die Prozeßdaten werden über eine digitale Achsensteuerung der Fa. Mannesmann Rexroth über den CAN (Controller Area Network) - Bus des Prozeßrechners verarbeitet.

Als Antrieb für die Bohrspindelbewegung wurde ein Servomotor der Fa. Seidel ausgewählt. Zur optimalen Ableitung der Schnittkräfte und zur Erreichung einer minimalen Bauhöhe des Dübelmontagewerkzeugs wurde der Antriebsmotor auf einem Motorträger außerhalb der Säulenführung befestigt und über einen Zahnriemen mit der Bohrspindel übersetzt.

Als Werkzeugträger für die Bohrwerkzeuge, die Späneabsaugung und das Fügesystem wurde ein Revolverkopf der Fa. Siegloch eingesetzt. Das werkseitig vorhandene mechanische, in einer Drehrichtung manuell zu schaltende Getriebe wurde durch einen Schrittmotor der Fa. Bautz und ein Stirnradgetriebepaar ersetzt. Durch diese Weiterentwicklung war es möglich, jede beliebige Revolverkopfstellung frei programmierbar anzufahren.

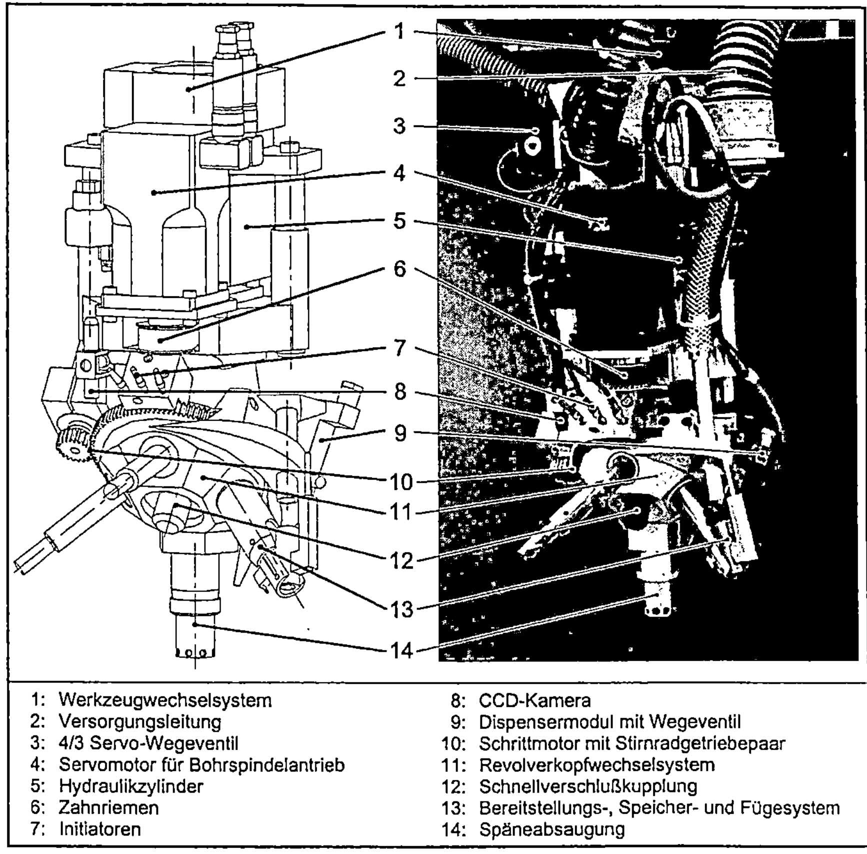

1:	Werkzeugwechselsystem	8:	CCD-Kamera
2:	Versorgungsleitung	9:	Dispensermodul mit Wegeventil
3:	4/3 Servo-Wegeventil	10:	Schrittmotor mit Stirnradgetriebepaar
4:	Servomotor für Bohrspindelantrieb	11:	Revolverkopfwechselsystem
5:	Hydraulikzylinder	12:	Schnellverschlußkupplung
6:	Zahnriemen	13:	Bereitstellungs-, Speicher- und Fügesystem
7:	Initiatoren	14:	Späneabsaugung

<u>Bild 6.4:</u>   Dübelmontagewerkzeug

Der Revolverkopf enthält 4 Werkzeugstationen, mit denen drei verschiedene Dübel-durchmesser (∅ 8 mm, ∅ 10 mm, ∅ 12 mm) verarbeitet werden können. Um die Flexibilität des Dübelmontagewerkzeugs für weitere Dübeldurchmesser sicherzu-stellen, wurde eine Schnellverschlußkupplung am Revolverkopf vorgesehen. Damit kann im Werkzeugwechselbahnhof ein anderweitig bestückter Revolverkopf auto-matisch gegen den eingesetzten ausgetauscht werden. Die Bereitstellung und Speicherung der Holzdübel erfolgt nach deren Vermessung (s. Kap. 6.2.3) über einen Versorgungsschlauch am Dübelfügesystem. Mit Druckluft wird der Einzeldübel in einer beweglich gelagerten Führungshülse positioniert und mit Hilfe eines taktilen Sensors abgefragt. Ein Schlepphebel an der Führungshülse bewirkt beim Überfahren einer Führungsnocke das Einlenken der Führungshülse mit dem Fügeteil. Durch Einleiten der Fügebewegung wird der Dübel aus der Hülse in das Dübelloch gepreßt. Die Überwachung der Revolverkopfstellung erfolgt über binäre Initiatoren.

Das Dispensersystem wurde mit einem feststehenden Auftragskopf realisiert, bei dem die Dosierung des Dispersionsklebstoffes über ein 5/2-Wege-Magnetventil erfolgt. Das Dispersionsmittel wird von einer externen Bereitstellungseinheit durch einen Druckförderschlauch zum Dispensermodul gefördert.

Zur Aufnahme des Koordinatenursprungs der Basisteile und zur optionalen Vermessung der Bohrungsdurchmesser wurde eine robotergeführte CCD-Kamera am Dübelmontagewerkzeug montiert. Die Bildverarbeitungsdaten werden über den Zellenrechner verarbeitet und hieraus ein objektorientiertes Benutzerkoordinatensystem für den Roboter generiert.

6.2.3   Dübelvermessungssystem

Zur Durchführung einer hauptzeitparallelen Dübelvermessung wurde ein Vermessungssystem für Riffeldübel zur Generierung der Prozeßparameter am Fügeteil konstruiert und aufgebaut. Für die periphere Vereinzelung der Fügeteile und die Bevorratung des Dispersionsmittels wurde eine Versorgungseinheit der Fa. Ayen verwendet und entsprechend modifiziert (Bild 6.5).

Die Vereinzelung des Dübels erfolgt über eine Schwenkfördereinrichtung, die den Einzeldübel in ein Fallrohr fördert. Über ein flexibles Andocksystem wird das Fügeteil durch einen Pneumatikzylinder in der Dübelspannvorrichtung positioniert und durch ein Kurzspannfutter mittels Spannzange automatisch gespannt.

Mit einem pneumatisch gesteuerten Tiefenanschlag kann der zu messende Dübelüberstand festgelegt werden. Der Dübel wird über einen elektrisch angetriebenen Schrittmotor über Zahnriemenantrieb in Rotation versetzt. Gleichzeitig hierzu erfolgt die Vermessung der Dübellänge und -kontur mittels des hierfür entwickelten Lasertriangulationsmeßsystems. Der Laser ist auf einer elektrisch angetriebenen Lineareinheit montiert, damit die Querschnitts- und Längenvermessung an beliebiger Position der Dübelachse durchgeführt werden kann. Nach Auswertung der Meßdaten im Prozeßrechner und Vorausberechnung des Fügekraftverlaufs nach dem Hüllkurvenverfahren wird der Einzeldübel unter Einwirkung des nächsten zu vermessenden

Dübels mit dem Andocksystem aus der gelösten Spanneinrichtung entfernt und über eine Dübelweiche entsprechend sortiert.

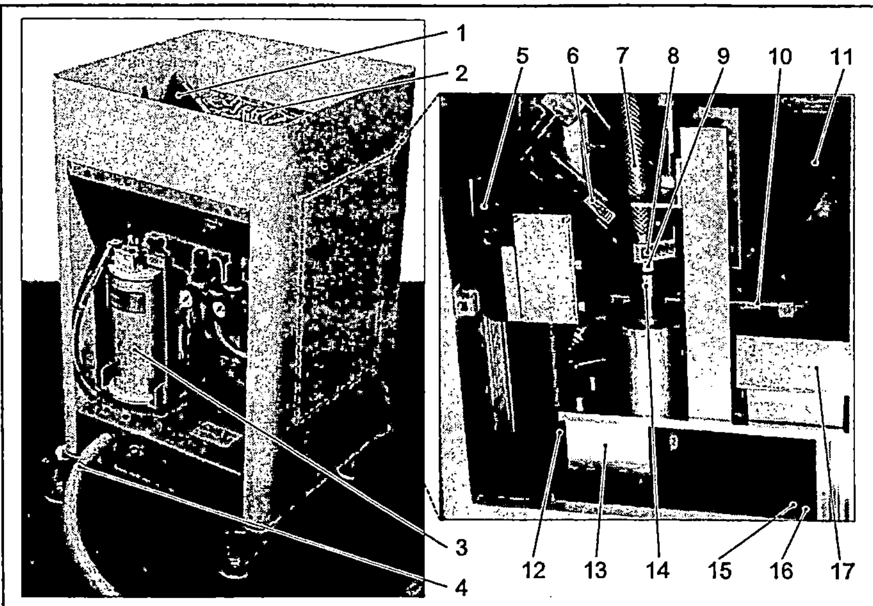

1: Schwenkförderer	9: Dübel
2: Dübelvorratsbehälter	10: Tiefenanschlag
3: Druckbehälter für Dispersionsmittel	11: Schieber für Schwenkförderer
4: Versorgungsleitung zum Roboter	12: Spindelantrieb
(Leimzufuhr, Dübelzufuhr)	13: Dübelweiche
5: Lineareinheit	14: Dübelspanneinrichtung
6: Lasertriangulationsmeßsystem	15: Schlauchleitung für Ausschußdübel
7: Fallrohr	16: Schlauchleitung zur Versorgungsleitung des Roboters
8: Andocksystem	17: Antriebseinheit für Rotationsbewegung

<u>Bild 6.5:</u>   Vermessungssystem für Riffeldübel zur Generierung der Prozeß-parameter am Fügeteil

Dübel, die die zulässigen Fügeprozeßparameter nicht überschreiten, werden in einer Schlauchleitung gepuffert und mit Druckluft durch die Versorgungsleitung des Roboters zum Bereitstellungs- und Speichersystem am Dübelmontagewerkzeug gefördert. Falls der vorausberechnete Fügekraftverlauf außerhalb des Prozeß-fensters liegt, wird das Fügeteil an der Dübelweiche aussortiert und über eine Schlauchleitung für Ausschußdübel in ein separates Behältnis geleitet.

Die kombinierte Dübelvereinzelungs- und Vermessungseinheit wurde durch die Verwendung flexibler Teilsysteme so rüstflexibel ausgelegt, daß sie die in Kapitel 3.4 festgelegten Anforderungen erfüllt.

6.2.4   Zellensteuerung und Prozeßüberwachungssystem

Die gesamte Steuerung der Pilotanlage wird von einem IBM-kompatiblen Prozeß-rechner 486 DX 2-66 mit integrierter Steuerungssoftware und CAN-Bus-Architektur betrieben. Sämtliche in <u>Bild 6.6</u> dargestellten Stationen (Industrieroboter, Aktoren und Sensoren) sind mit dem CAN-Bus vernetzt.

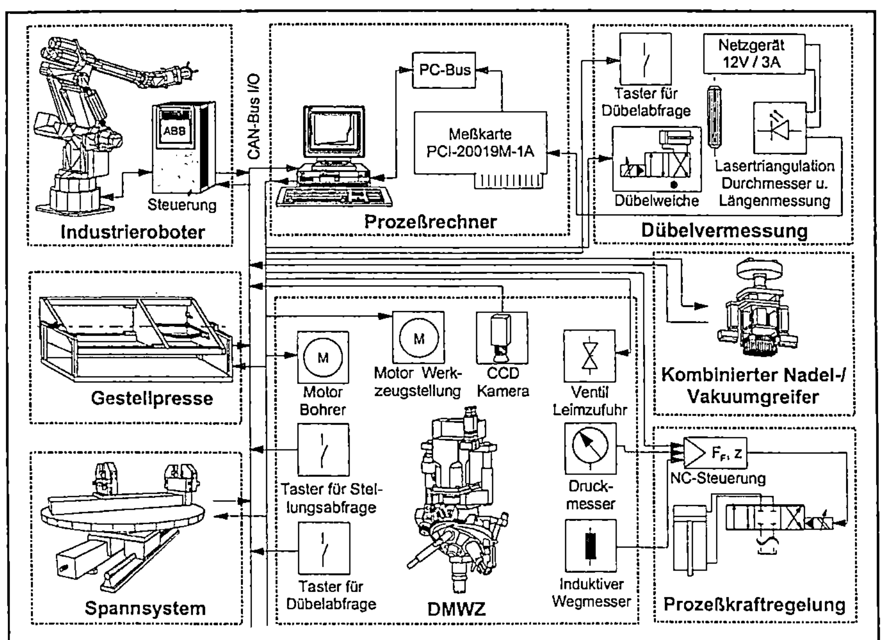

<u>Bild 6.6:</u>   Blockschaltbild für die Signalverarbeitung in der Pilotanlage

Ziel der CAN-Datenübertragung war, daß während des komplexen Gesamtmontage-ablaufs jede Station mit jeder anderen kommunizieren kann. Dabei werden keine Stationen adressiert, sondern der Inhalt einer Nachricht (z. B. Bohrungstiefe, Dreh-zahl etc.) durch einen netzweit eindeutigen Identifier gekennzeichnet. Neben der Inhaltskennzeichnung legt der Identifier auch die Priorität der Nachricht fest, die speziell für die Prozeßüberwachung beim Fügeprozeß wesentlichen Einfluß auf die Zellensteuerung hat. Das für den Gesamtmontageablauf benötigte Roboterpro-gramm wurde im Teach-In-Verfahren erstellt und bildet über analoge und digitale Ein- und Ausgänge die Schnittstelle zum CAN-Bus. In <u>Bild 6.7</u> ist die Meßdatenverarbeitung und Prozeßüberwachung in Form eines Flußdiagramms für einen Dübelmontageprozeß dargestellt.

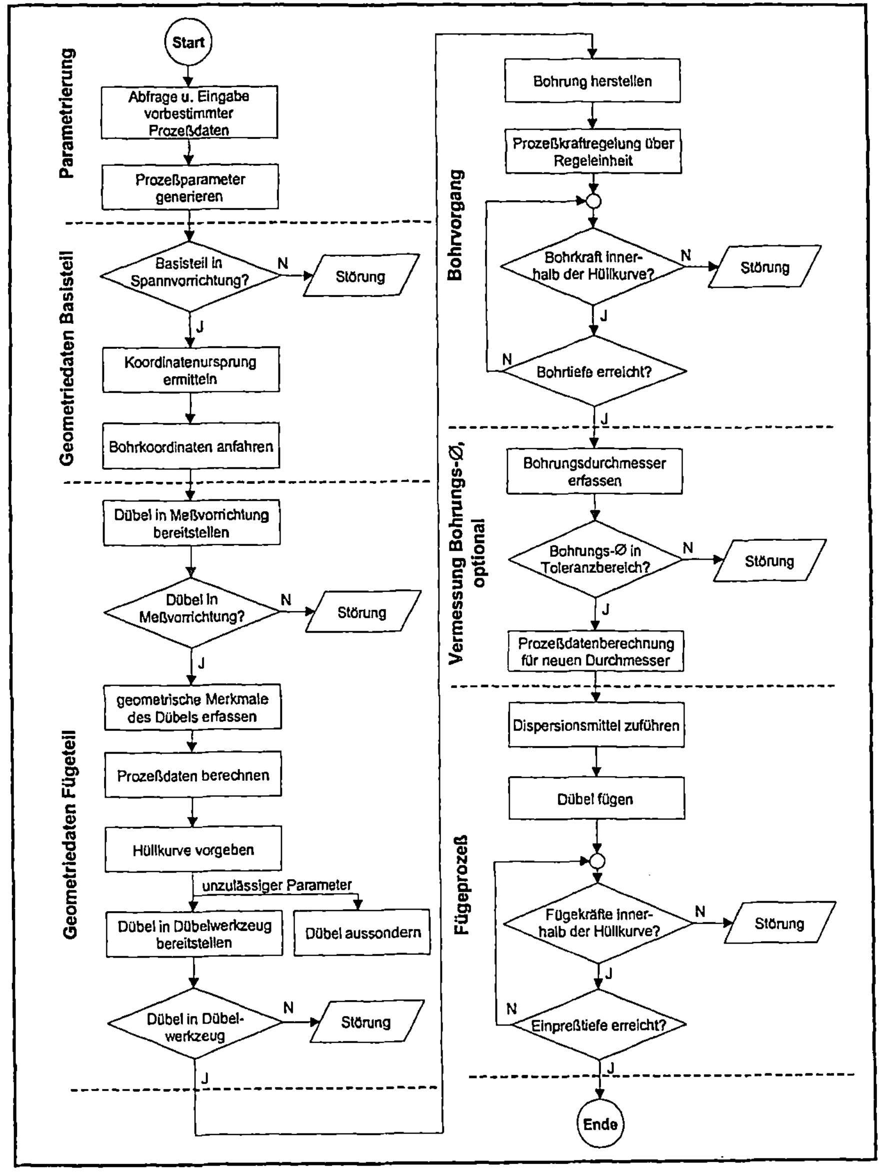

<u>Bild 6.7:</u> Flußdiagramm für die Meßdatenverarbeitung und Prozeßüber- wachung beim Dübelmontageprozeß

Die in der Pilotanlage pneumatisch und elektrisch angetriebenen Stationen und Moduln werden über den CAN-Bus mit Schaltrelais bzw. zwischengeschalteten Optokopplern direkt angesteuert.

Die Überwachung der Vorschub- und Fügebewegung erfolgt über eine permanente Differenzdruckmessung am Dübelmontagewerkzeug in Verbindung mit einer speicherprogrammierbaren, digitalen Achsensteuerung der Firma Mannesmann Rexroth.

Die aus der Dübelvermessung generierten Prozeßparameter werden über eine Meßwerterfassungskarte der Firma Intelligent Instrumentation an den Zellenrechner übergeben und dort in einem eigens hierfür entwickelten Prozeßüberwachungsprogramm für die Vorausberechnung des Fügekraftverlaufs verarbeitet. Anhand der in Kapitel 5 erarbeiteten Erkenntnisse wurde mit Visual C++ das Berechnungsmodell zum Fügekraftverlauf programmiert und eine geeignete Bildschirmoberfläche erstellt. Bild 6.8 zeigt eine beispielhafte Benutzeroberfläche mit Eingabefeldern für veränderliche Prozeßparameter und den vorausberechneten Fügekraftverlauf mit Hüllkurve.

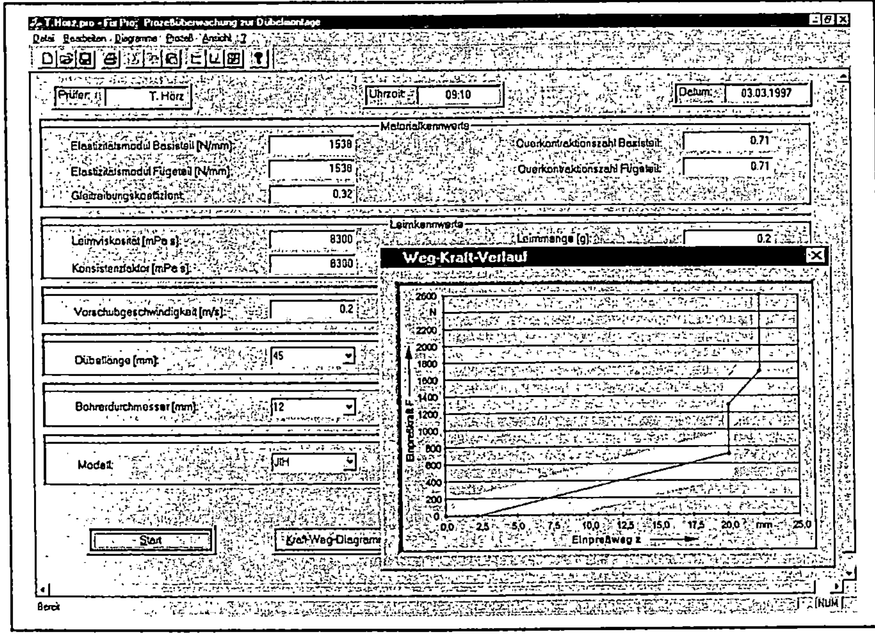

Bild 6.8:   Beispielhafte Bildschirmoberfläche des Meßdatenverarbeitungs- und Prozeßüberwachungsprogramms

7 Arbeitsablauf und Versuchsergebnisse

7.1 Arbeitsablauf

7.1.1 Montage einer Armlehnenbaugruppe

Aus dem Gesamtmontageablauf zur Herstellung eines kompletten Polstermöbelgestells wurde zur Beschreibung der einzelnen Verrichtungsabfolgen bei der Dübelmontage die in Kapitel 6 beschriebene Armlehnenbaugruppe ausgewählt. Folgende Schritte werden durchgeführt (Bild 7.1):

1. Aufnehmen des kombinierten Nadel-/Vakuumgreifers
2. Greifen des Basisteils aus der Bereitstellungseinheit
3. Ablegen des Basisteils in die Spannvorrichtung
4. Wiederholen der Schritte 2 und 3, bis die Spannvorrichtung voll bestückt ist
5. Ablegen des kombinierten Nadel-/Vakuumgreifers
6. Aufnehmen des Dübelmontagewerkzeugs
7. Koordinatenursprung am Basisteil aufnehmen
8. Dübelmontageprozeß durchführen
   - Dübelbohrung herstellen
   - Dispersionsmittel einspritzen
   - Dübel fügen
9. Dübelbohrung vermessen (optional)
10. Alternative Arbeitsschritte durchführen (optional)
    - Konstruktions- und Dübelbohrungen herstellen
    - Dispersionsmittel einspritzen bzw. auftragen
11. Wiederholen der Schritte 7 bis 10, bis alle Bearbeitungs- und Montageprozesse durchgeführt sind
12. Ablegen des Dübelmontagewerkzeugs
13. Aufnehmen des kombinierten Nadel-/Vakuumgreifers
14. Greifen des Basisteils aus der Spannvorrichtung
15. Ablegen des Basisteils in der Gestellpresse
16. Wiederholen der Schritte 14 und 15, bis die Gestellpresse voll bestückt ist
17. Verpressen der Basisteile zur Baugruppe "Armlehne"

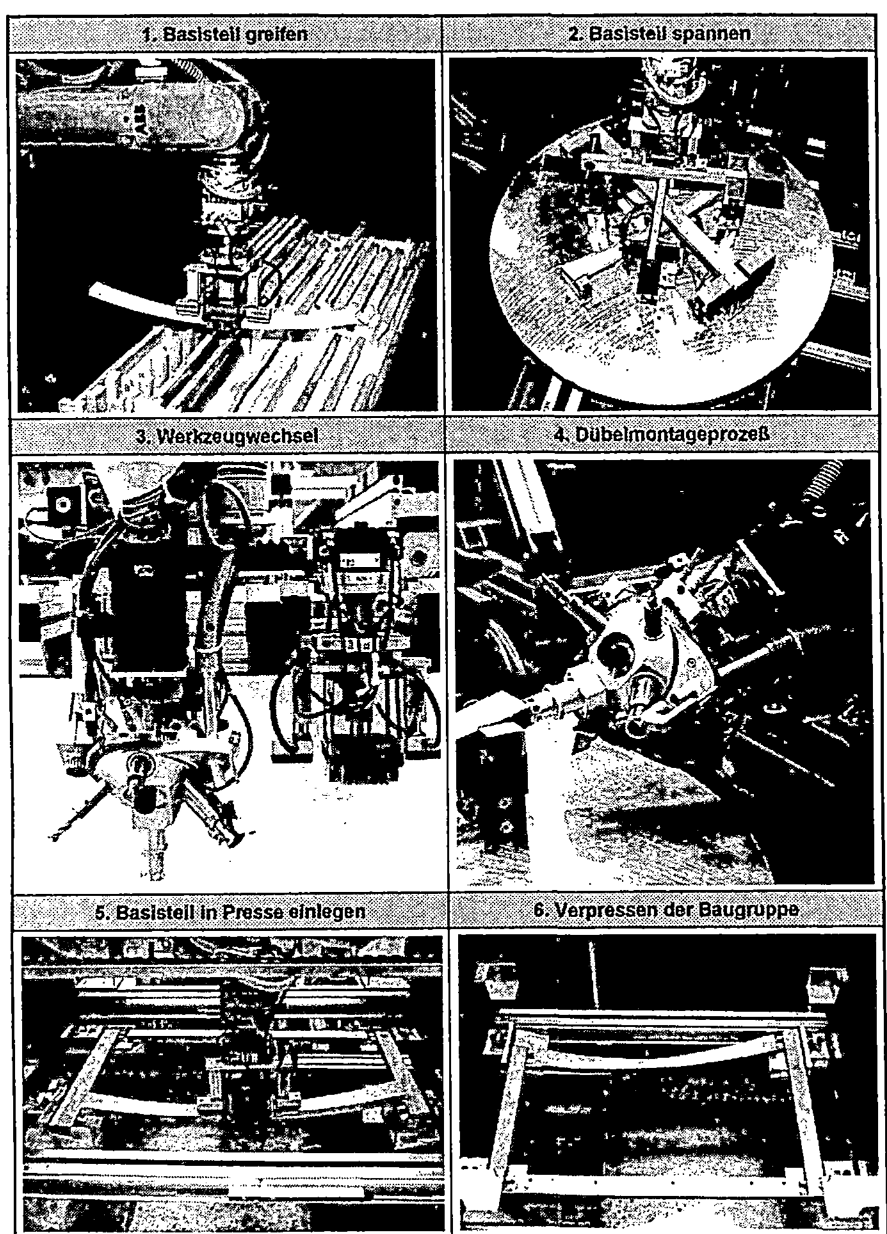

Bild 7.1:   Montageablauf am Beispiel einer Armlehnenbaugruppe

7.1.2 Dübelmontageprozeß

Der detaillierte Dübelmontageprozeß ist in <u>Bild 7.2</u> dargestellt.

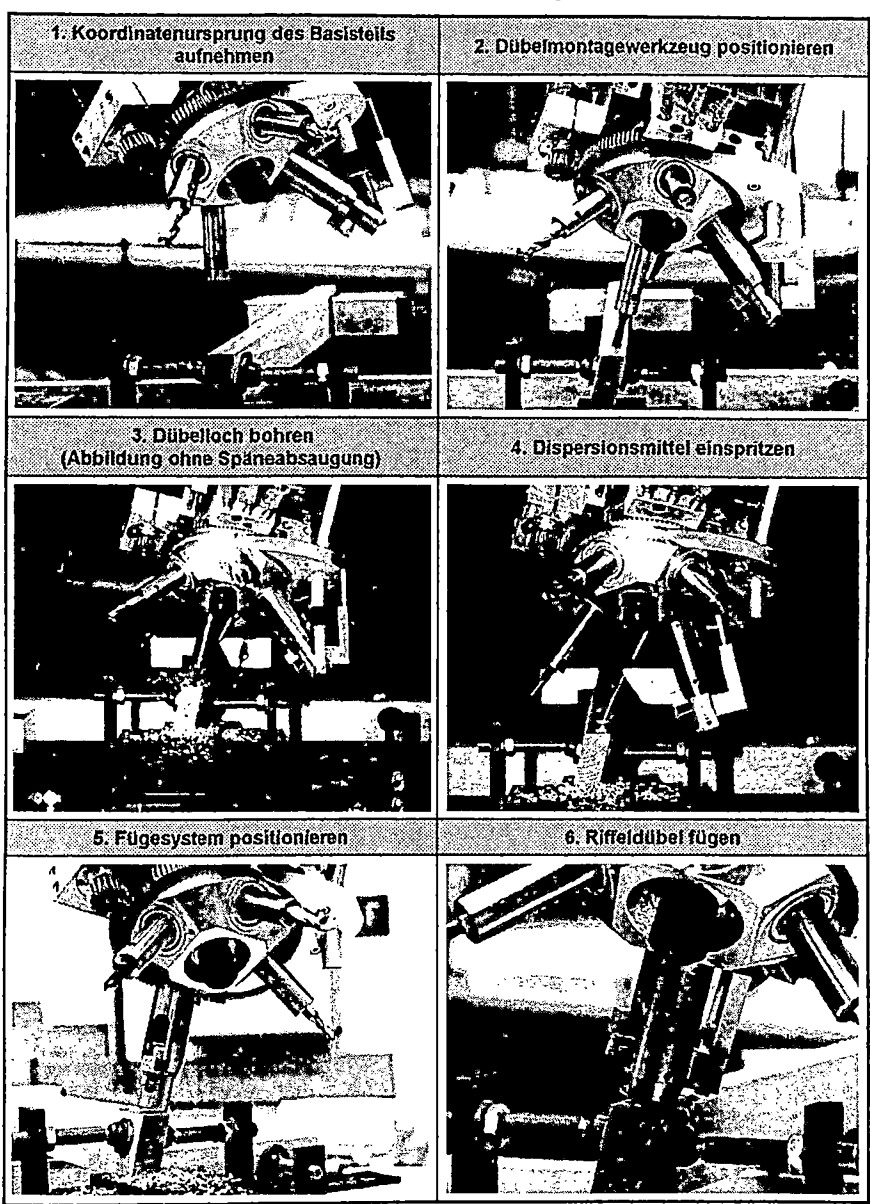

<u>Bild 7.2:</u>   Montageprozeßablauf mit dem Dübelmontagewerkzeug

7.2   Versuchsergebnisse

Zur Erprobung der entwickelten Werkzeuge und Verfahren bei der flexibel automatisierten Dübelmontage wurden im Rahmen umfangreicher Versuchsdurchführungen 580 Gesamtmontagezyklen einer Armlehnenbaugruppe durchgeführt und hinsichtlich der analytisch ermittelten Fügekraftverläufe, Prozeßverfügbarkeit und erreichbarer Taktzeiten untersucht.

7.2.1   Vergleich analytisch und experimentell ermittelter Fügekraftverläufe

Zur Verifizierung des berechneten Fügekraftverlaufs in Verbindung mit der festgelegten Toleranzbandbreite wurden Fügeversuche mit

- variierendem Passungsmaß
- variierender Viskosität und
- variierender Fügegeschwindigkeit

durchgeführt.

In __Bild 7.3__ sind die experimentellen Fügekraftverläufe den in Kapitel 5.4 erarbeiteten analytischen Fügekraftverläufen gegenübergestellt.

Der Vergleich zeigt, daß der theoretisch ermittelte Kraftverlauf gute Übereinstimmung mit dem tatsächlichen Fügekraftverlauf ergibt. Die gewählte Toleranzbandbreite der Hüllkurve zeigt sich als ausreichend dimensioniert. Bei sehr geringen Fügegeschwindigkeiten ($v_E \leq 0{,}01$ m/s), die aus Gründen der Taktzeitminimierung jedoch vermieden werden sollten, ist ggf. eine Erweiterung des Hüllkurvenfeldes um weitere 2% notwendig.

Anhand des entwickelten Prozeßüberwachungssystems können Störungen hinsichtlich des Dübelmontageprozesses ausgeschlossen und damit unzureichende Dübelverbindungen und Beschädigungen am Montagewerkzeug, Fügeteil oder Basisteil verhindert werden.

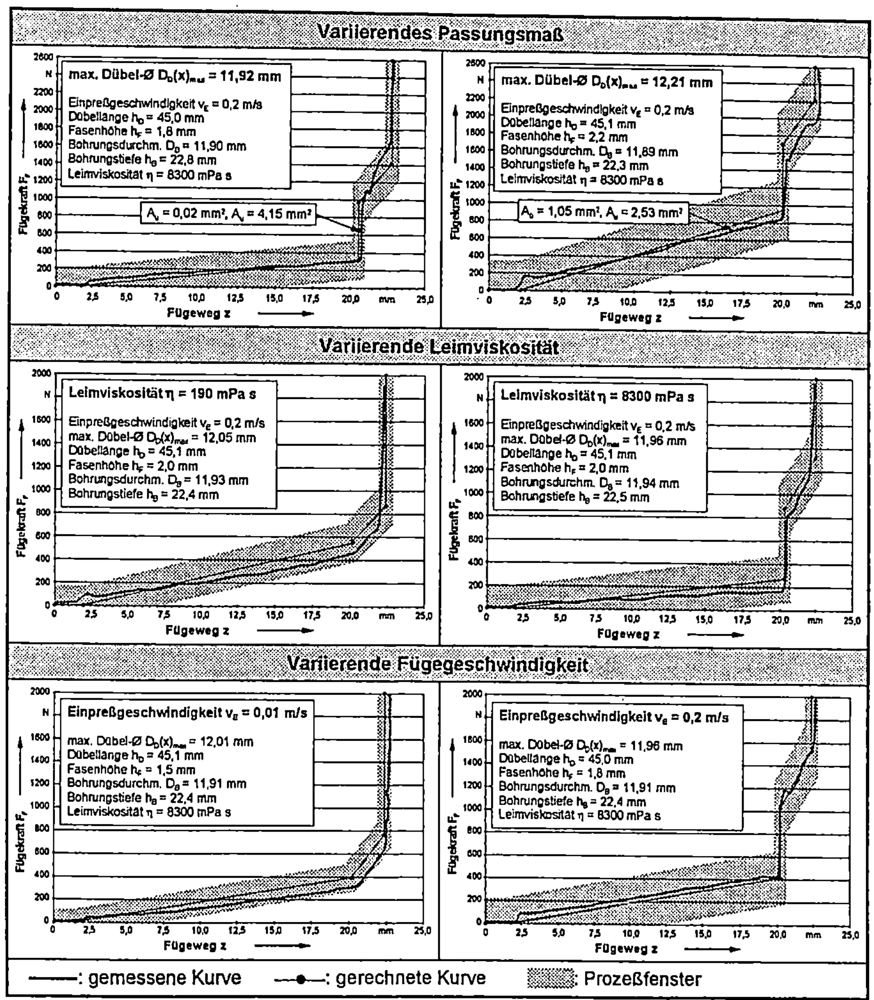

<u>Bild 7.3:</u>   Vergleich gerechneter und experimentell ermittelter Fügekraftverläufe

7.2.2   Verfügbarkeit

Die Verfügbarkeit der Pilotanlage wurde im Rahmen der zahlreichen Tests systematisch untersucht und verbessert. In <u>Bild 7.4</u> sind sämtliche aufgetretenen Fehler und deren Häufigkeitsverteilung aufgetragen.

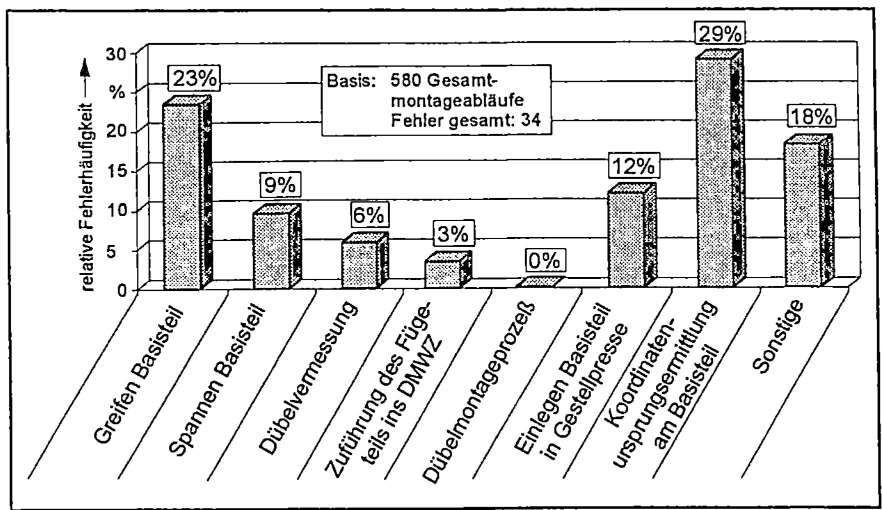

<u>Bild 7.4:</u>   Häufigkeit und Verteilung der in der Versuchsphase aufgetretenen Fehler

Insgesamt sind bei der Ermittlung des Koordinatenursprungs 10 Fehler aufgetreten, die auf einen zu hellen Bildhintergrund (Spanntisch aus Aluminium) zurückzuführen sind. Bei hohen Verfahrgeschwindigkeiten des Roboters konnte teilweise ein Verschieben der Basisteile im Nadelgreifer beobachtet werden. Die Optimierung einzelner Teilkomponenten läßt eine weitere Verbesserung der Verfügbarkeit erwarten.

7.2.3   Montagezeiten einer Armlehnenbaugruppe

Die Analyse der Montagezeiten bildet die Grundlage für die Optimierung der aufgebauten Pilotanlage und ermöglicht die Ermittlung von Planungsgrößen bei der Anlagenrealisierung. Die Montagezeiten und ihre Verteilung auf Prozeß-, Handhabungs- und Nebenzeiten wurden in Dauerversuchen ermittelt und in <u>Bild 7.5</u> dokumentiert.

Optimierungsbedarf zeigt sich insbesondere bei den hohen Zeitanteilen in der Handhabung der Basisteile (48%) und bei den Nebenzeiten (37%). Die Prozeßzeiten für „Bohren", „Dispersionsmittel einbringen/auftragen" und „Dübel fügen" sind mit 15% an der Gesamtmontagezeit beteiligt. Die Dübelvermessung und das Verpressen der Basisteile zu Baugruppen gehen nicht in die Montagezeiten ein, da sie hauptzeitparallel durchgeführt werden können.

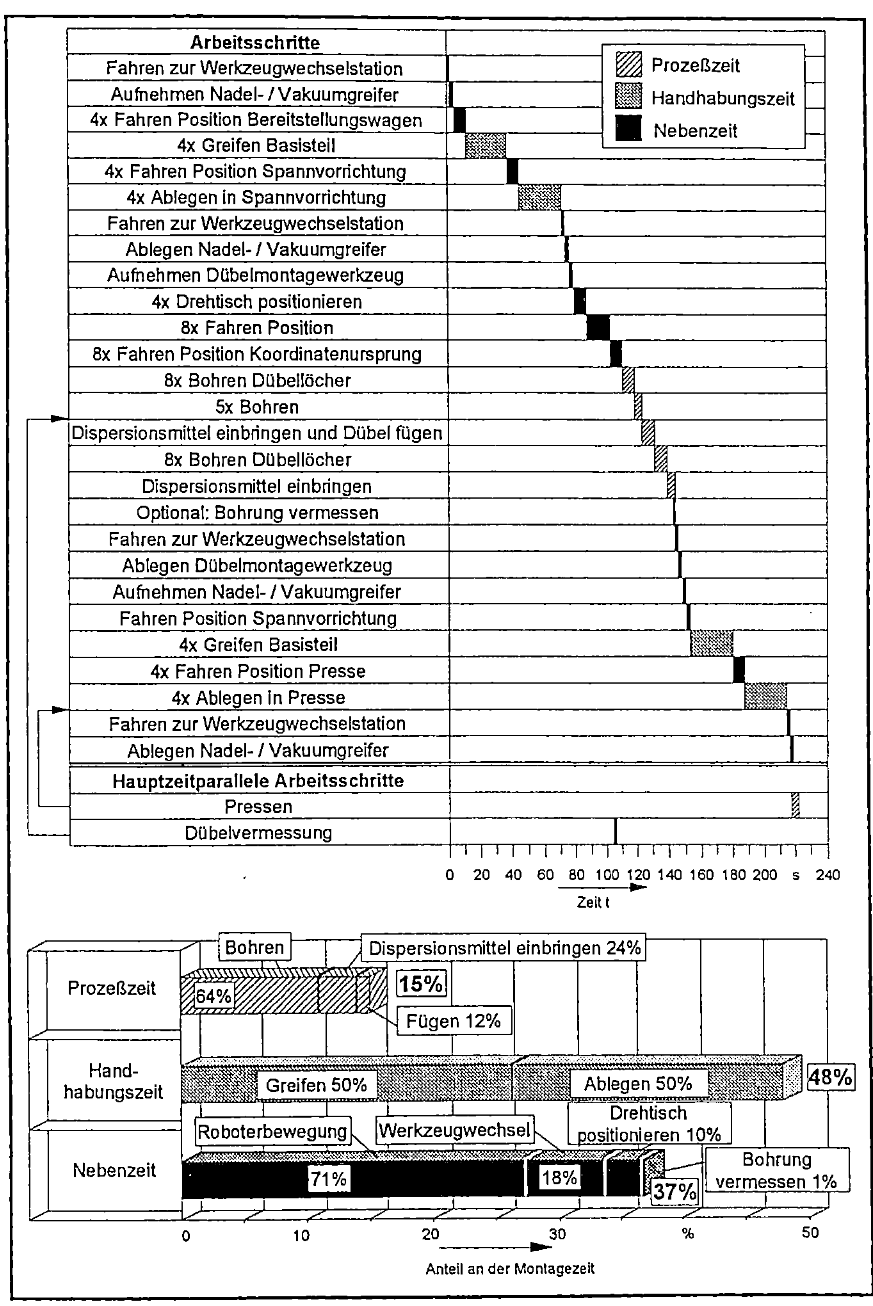

<u>Bild 7.5:</u>   Verteilung der Montagezeiten am Beispiel einer Armlehnenbaugruppe

7.3   Folgerungen aus den Versuchen

Die Versuchsergebnisse bestätigen die Einsatzmöglichkeiten der neu entwickelten Verfahren und Werkzeuge bei der Montage von Riffeldübeln in Verbindung mit einem Industrieroboter und zeigen, daß die vollautomatische Montage von Gestellmöbeln technisch machbar ist. Die mit dem prototypisch realisierten Dübelmontagewerkzeug erreichten Taktzeiten und Verfügbarkeiten lassen eine hohe Wirtschaftlichkeit der Gesamtanlage erwarten.

Durch die erarbeiteten Verfahren zur Vorausberechnung des Fügekraftverlaufs in Kombination mit dem Dübelvermessungssystem und dem Dübelmontagewerkzeug konnten wesentliche Automatisierungshemmnisse, wie z. B. das Aufreißen des Basisteils infolge großer Dübeltoleranzen und die Überwachung des Montageprozesses bei der Dübelmontage, beseitigt werden.

Für einen industriellen Einsatz der Gesamtanlage sind folgende Verbesserungsmaßnahmen und Weiterentwicklungen erforderlich:

- Verkürzung der unproduktiven Handhabungs- und Nebenzeiten durch Kombination des Dübelmontagewerkzeugs mit dem Greifsystem für Basisteile und Verwendung von leistungsfähigeren Industrierobotern,

- hochflexible, produktneutrale Auslegung der Spannvorrichtung für Basisteile unter besonderer Berücksichtigung des Roboterarbeitsraumes,

- Verwendung eines elektrischen Vorschubsystems zur Kostenreduzierung,

- Erweiterung des Berechnungsmodells für den Fügekraftverlauf bei alternativen Basisteilwerkstoffen und Ermittlung der Diffusionskennzahlen beim Dübelmontageprozeß in Holzwerkstoffe.

8 Zusammenfassung und Ausblick

In der stark handwerklich geprägten holzverarbeitenden Industrie liegt gerade in der Montage von Möbelprodukten ein sehr geringer Automatisierungsgrad vor. Die Tätigkeiten sind gekennzeichnet durch einen hohen Anteil an manuellen Verrichtungen. Lediglich bei der Korpusmöbelherstellung (Schrank-, Büro-, Küchenmöbel etc.) sind teilweise starr automatisierte Anlagen und seit neuestem eine Industrieroboterzelle im Einsatz. In der Gestellmöbelindustrie dagegen, die durch eine hohe Typen- und Variantenvielfalt und kleine Losgrößen geprägt ist, sind derzeit keine flexiblen Automatisierungseinrichtungen bekannt. Die Tatsache, daß bei der Montage von Gestellmöbeln überwiegend Holzdübel in großen Stückzahlen verarbeitet werden, zeigt die Notwendigkeit von Anlagen zur flexibel automatisierten Montage von Holzdübeln auf.

Ziele der vorliegenden Arbeit waren die systematische Aufbereitung der wesentlichen montagetechnischen Automatisierungsanforderungen bei der Montage von Holzdübeln sowie die Entwicklung von Lösungsprinzipien, Verfahren und Anlagen zur flexiblen Dübelmontage.

Ausgehend von einer Analyse des Standes der Technik bei der Montage von Dübeln wurde bei ausgewählten Möbelherstellern aus den sechs Hauptbereichen Polster-, Sitz-, Tisch-, Schrank-, Ergänzungs- und Schlafmöbelindustrie der Istzustand hinsichtlich Produktspektrum und Montageaufgabe bei der industriellen Dübelmontage untersucht. Ergänzt durch Expertengespräche mit Möbel-, Dübel-, Dispersionsmittel- und Anlagenherstellern wurden die wesentlichen Automatisierungshemmnisse ermittelt. Als die wichtigsten organisatorischen und wirtschaftlichen Automatisierungshemmnisse wurden kleine Stückzahlen und die vorherrschende hohe Typen- und Variantenvielfalt herausgearbeitet. Als wesentliche technische Hemmnisse wurden große Dübeltoleranzen, das Aufreißen der Werkstücke an der Dübelverbindung, die unzureichende Überwachung des Montageprozesses sowie die geometrische Vielfalt der Basisteile erkannt. Die Analyse hat gezeigt, daß im Gestellmöbelbau aufgrund der hohen Verarbeitungsanteile an Rotbuche-Riffeldübeln große Rationalisierungspotentiale bei der flexibel automatisierten Montage von Riffeldübeln ausgeschöpft werden können.

Die hierzu notwendigen Untersuchungs- und Entwicklungsschwerpunkte wurden aus den Analyseergebnissen abgeleitet und darauf aufbauend alternative Lösungsprinzipien für die

- Handhabung und Positionierung des Dübelmontagewerkzeugs,
- Dübelmontage,
- Generierung der Prozeßparameter am Basis- und Fügeteil und
- Überwachung der Prozeßparameter

erarbeitet, bewertet und das jeweils beste Teilsystem ausgewählt.

Im Rahmen experimenteller Untersuchungen der wichtigsten Einflußfaktoren auf den Fügeprozeß wurden die Grundlagen für die Prozeßüberwachung des Fügekraftverlaufs und für den Bau der Werkzeugteilsysteme ermittelt. Die Vorversuche zeigten, daß sich der Dübelfügeprozeß in eine Zentrier-, Trockenreibungs- und Leimverdrängungsphase zerlegen läßt und durch eine Vielzahl sich gegenseitig beeinflussender Prozeßparameter bestimmt wird.

Zur Generierung des Prozeßtoleranzfensters beim Fügeprozeß und als Hilfsmittel bei der Planung und Auslegung von Dübelmontageanlagen wurden theoretische Berechnungsverfahren zur Vorausberechnung des Fügekraftverlaufs bei variierenden Randbedingungen ermittelt.

Die entwickelten Verfahren und Werkzeuge wurden in einer Pilotanlage am Beispiel eines charakteristischen Gestellmöbels erprobt und überprüft. Die durchgeführten Dauerversuche lassen hinsichtlich der hohen Verfügbarkeit der Pilotanlage eine sehr gute Wirtschaftlichkeit des Gesamtsystems erwarten. Die Berechnungsverfahren zum Fügekraftverlauf konnten durch die durchgeführten Versuche sehr gut verifiziert werden.

Mit den in der vorliegenden Arbeit entwickelten Verfahren und Werkzeugen konnte die technische Umsetzung der flexibel automatisierten Dübelmontage nachgewiesen und eine Erhöhung des Automatisierungsgrades in der holzverarbeitenden Industrie geschaffen werden. Durch die Optimierung peripherer Teilsysteme kann das neu entwickelte Dübelmontageverfahren äußerst wirtschaftlich bei kleinen Losgrößen und gleichzeitig hohen Anforderungen an die Typen- und Variantenvielfalt eingesetzt werden.

9 Literaturverzeichnis

| /ALB-87/ | Albin, R.; u. a.: | Festigkeitsuntersuchungen an Flächeneckverbindungen im Korpusmöbelbau. In: Holz als Roh- und Werkstoff 45, S. 171-178, 1987. |

/ALB-87/   Albin, R.; u. a.:   Festigkeitsuntersuchungen an Flächeneckverbindungen im Korpusmöbelbau. In: Holz als Roh- und Werkstoff 45, S. 171-178, 1987.

/ALB-91/   Albin, R.; u. a.:   Grundlagen des Möbel- und Innenausbaus. Stuttgart: DRW-Verlag, 1991.

/AST-91/   o. V.:   ASTM D 2196-86. Standard Test Methods for Rheological Properties of Non-Newtonian Materials by Rotational (Brookfield) Viscometer. Philadelphia: 1991.

/AST-93/   o. V.:   ASTM D 2556-93. Standard Test Methods for Apparent Viscosity of Adhesives Having Shear-Rate-Dependent Flow Properties. Philadelphia: 1993.

/AYE-95/   o. V.:   Firma Ayen Maschinenfabrik GmbH, 72110 Mössingen, Firmenschrift, 1995.

/BAC-24/   Bach, C.; Baumann, R.:   Elastizität und Festigkeit. Berlin: Springer, 1924.

/BÄC-95/   Bäckmann, R.:   Standortdiskussion in der Polstermöbelindustrie. In: Holz- und Kunststoffverarbeitung 10/95, S. 1202-1204.

/BAR-91/   Barthel, J.:   Zum Strömungswiderstand kurzer, ringförmiger Ventilspalte mit strukturviskosen und Bingham-plastischen Fluiden. Erlangen-Nürnberg, Universität, Diss., 1991.

/BAU-67/   Baumann, H.:   Leime und Kontaktkleber. Berlin: Springer, 1967.

/BEC-86/	Becker, E.:	Technische Strömungslehre. Stuttgart: Teubner, 1986.
/BÖH-81/	Böhme, G.:	Strömungsmechanik nicht-newtonscher Fluide. Stuttgart: Teubner, 1981.
/BUM-80/	o. V.:	Verleimung hochbeanspruchter Dübel- verbindungen im Gestellbau. In: Bau- und Möbelschreiner, 2/80, S. 97-98.
/DIE-88/	Dietmann, H.:	Einführung in die Elastizitäts- und Festigkeitslehre. Stuttgart: Kröner, 1988.
/DIN-69/	o. V.:	DIN 68141. Holzverbindungen. Berlin, Köln: Beuth-Verlag, 1969.
/DIN-79a/	o. V.:	DIN 68364. Kennwerte von Holzarten. Berlin, Köln: Beuth-Verlag, 1979.
/DIN-79b/	o. V.:	DIN 52184. Bestimmung der Quellung und Schwindung. Berlin, Köln: Beuth-Verlag, 1979.
/DIN-84/	o. V.:	DIN 68100. Toleranzsystem für Holzbe- und -verarbeitung. Berlin, Köln: Beuth-Verlag, 1984.
/DIN-85a/	o. V.:	DIN 8593. Fertigungsverfahren Fügen. Berlin, Köln: Beuth-Verlag, 1985.
/DIN-85b/	o. V.:	DIN 4076. Benennung und Kurzzeichen auf dem Holzgebiet. Berlin, Köln: Beuth-Verlag, 1985.
/DIN-88/	o. V.:	DIN 7190. Preßverbände. Berlin, Köln: Beuth-Verlag, 1988.

/DIN-89/	o. V.:	DIN 68150.
		Holzdübel.
		Berlin, Köln: Beuth-Verlag, 1989.
/DRE-94/	Dreher, H.:	Montage von Schlauchschellen mit
		Industrierobotern.
		Berlin: Springer, 1994.
		Zugl. Stuttgart, Universität, Diss., 1994.
/DUB-90/	Beitz, W.;	Dubbel: Taschenbuch für den Maschinenbau.
	Küttner, K.-H.:	17. neubearbeitete Auflage.
		Berlin: Springer, 1990.
/DUP-61/	Dupont, W.:	Handbuch gegen Fehlverleimungen.
		Mering: Emmi Kittel, 1961.
/ECK-71/	Eckelmann, C.:	Bending Strength and Moment-Rotation
		Characteristics of Two-Pin Moment-Resisting
		Dowel Joints.
		In: Forest Products Journal, Vol. 21, No. 3,
		S. 35-39, 1971.
/ECK-79a/	Eckelmann, C.:	Withdrawal Strength of Dowel Joints: Effect of
		Shear Strength.
		In: Forest Products Journal, Vol. 29, No. 1,
		S. 48-52, 1979.
/ECK-79b/	Eckelmann, C.:	Out-of-Plane Strength and Stiffness Of Dowel
		Joints.
		In: Forest Products Journal, Vol. 29, No. 8,
		S. 32-38, 1979.
/ENG-72/	Englesson, T.:	Rundtappsammansättningar av spanskivor.
		In: Svenska Träforskningsinstitutet, S. 1-4, 1972.
/ETT-87/	Ettelt, B.:	Sägen, Fräsen, Hobeln, Bohren.
		Stuttgart: DRW-Verlag, 1987.

/FAC-90/   o. V.:   Holztechnik.
Haan-Gruiten: Verlag Europa-Lehrmittel,
14. Auflage, 1990.

/FIS-90/   Fischer, G.:   Montage von Schrauben mit Industrierobotern.
Berlin: Springer, 1990.
Zugl. Stuttgart, Universität, Diss., 1990.

/FUR-83/   Furuno, T.;
Saiki, H.;
Goto, T.;
Harada, H.:   Penetration of Glue into the Tracheid Lumina of
Softwood and the Morphology of Fractures by
Tensile-Shear Tests.
In: Journal of the Japan Wood Research Society,
Tokyo: 1983, No. 1, S. 43-53.

/GOW-78/   Gower, A.:   Glued Joints in Furniture.
In: Bulletin FIRA 18, 1978, S. 27-28.

/GRE-89/   Gressel, P.;
Kleinsorge, M.:   Vergleichende Untersuchungen mit eingeleimten
und nicht eingeleimten Dübelverbindungen.
In: Holz-Zentralblatt, Nr. 48, 1989, S. 785-788.

/HEI-97/   Heisel, U.;
Tröger, J.;
Avroutine, J.:   PC-Programm berechnet Standvorschubwege.
In: HOB 1/2-97, S. 95-101.

/HKV-97/   o. V.:   Neue Korpusmontagezellen.
In: Holz- und Kunststoffverarbeitung 3/97, S. 72.

/HOA-90/   Hoadley, B. R.:   Holz als Werkstoff.
Ravensburg: Maier, 1990.

/HOL-93/   Augustin, H.; u. a.:   Holz-Lexikon.
Stuttgart: DRW-Verlag, 1993.

/HOL-97/   o. V.:   Container-Montageanlage mit Roboter.
In: Holz-Zentralblatt, Stuttgart, Messe-
Sonderausgabe zur Ligna 1997, S. 163.

/HÖR-95/ Hörz, T.: Repräsentative Erhebung zur Automatisierung der
Dübelmontage in der holzverarbeitenden Industrie.
Unveröffentlichte Studie am Fraunhofer-Institut für
Produktionstechnik und Automatisierung,
Stuttgart: 1995.

/HÖR-97/ Hörz, T.: Bearbeitung und Montage mit Industrierobotern in
der holzverarbeitenden Industrie.
In: 10. Holztechnisches Kolloquium,
Braunschweig, 1997.

/HÜS-86/ Hüsing, L.: Rechnerische und experimentelle Deformations-
und Festigkeitsuntersuchungen an Korpusmöbeln
unter der Annahme elasto-mechanischer Stoff-
gesetze und verschieblicher Eckverbindungen.
Hamburg, Universität, Diss., 1986.

/IGB-97/ o. V.: IBG Automation GmbH, 58809 Neuenrade,
Firmenschrift, 1997.

/KOL-51/ Kollmann, F.: Technologie des Holzes und der Holzwerkstoffe:
Anatomie und Phatologie, Chemie, Physik,
Elastizität und Festigkeit.
Berlin: Springer, 1951.

/KOL-84/ Kollmann, F. G.: Welle-Nabe-Verbindungen.
Berlin: Springer, 1984.

/KRI-65/ Kristensen, P.; Afprøvning af dyvler.
u. a.: In: Traeindustrien 2, S. 15-19, 1965.

/KUL-86/ Kulicke, W.-M.: Fließverhalten von Stoffen und Stoffgemischen.
Basel: Hüthig & Wepf Verlag, 1986.

/LEI-91/ Lein, G.: Technische Strömungslehre.
Vorlesungsmanuskript,
Universität Stuttgart, 1991.

/LEU-95/	o. V.:	Handbuch für die Holz- und Kunststoffbearbeitung. Firma Leuco, 72160 Horb a. N., Firmenschrift, 1995.
/LIN-87/	Lin, J.-K.; Ueng, Ch.:	Stresses in a laminated composite with two elliptical holes. In: Composite Structures 7, S. 1-20, 1987.
/LÖH-77/	Löhr, H.-G.:	Eine Planungsmethode für automatische Montagesysteme. Mainz: Krausskopf, 1977. Zugl. Stuttgart, Universität, Diss., 1977.
/MIL-87/	Milberg, J.:	Entwicklungstendenzen in der flexibel automatisierten Montage. In: Flexible Automation (1987) 2, S. 25-26.
/MOL-95/	o. V.:	Firma Held GmbH, 78647 Trossingen-Schura, Firmenschrift zum Moltinject-Verfahren, 1995.
/MÜL-89/	Müller, W.:	Vorrichtungen in der Holzindustrie. Leipzig: VEB Fachbuchverlag, 5. Auflage, 1989.
/MZD-94/	o. V.:	Möbel, Zahlen, Daten. Hamburg: Ferdinand Holzmann Verlag, 1994.
/NAS-71/	Nastase, V.:	Consideratii asupra preciziei de asamblare a imbinarilor cu cepuri rotunde. In: Industria Lemnului 22, S. 398-404, 1971.
/NIE-93/	Niemz, P.:	Physik des Holzes und der Holzwerkstoffe. Stuttgart: DRW-Verlag, 1993.
/NOW-60/	Nowak, K.; Wilk, F.; Paprzycki, O.:	Wplyw sposobu nanoszenia kleju na wytrzymalosc zlaczy kolkowych klejonych. In: Przemysl Drzewny, Zeszyt 12, S. 13-15, 1960.
/NUT-92/	Nutsch, W.:	Handbuch der Konstruktion: Möbel und Einbauschränke. Stuttgart: Deutsche Verlags-Anstalt, 1992.

| /OTT-95/ | Ott. D.;
Späti, B.;
Wieland, G.: | Neues und Interessantes für die Schreiner-
branche.
In: Schweizerische Schreinerzeitung, Nr. 35,
S. 35, 1995. |

/OTT-95/ Ott. D.; Neues und Interessantes für die Schreiner-
          Späti, B.; branche.
          Wieland, G.: In: Schweizerische Schreinerzeitung, Nr. 35,
                        S. 35, 1995.

/PRA-92/ Pracht, K.: Handbuch der Holzkonstruktion.
                       L.- Echterdingen: Verlagsanstalt Koch, 1992.

/ROB-95/ o. V.: Tool-changing system for the requirements of the
                  wood industry.
                  Robotsystem Engineering AB, S-38044 Alsterbro,
                  Schweden, Firmenschrift, 1995.

/SCH-76/ Schraft, R. D.: Systematisches Auswählen und Konzipieren von
                          programmierbaren Handhabungsgeräten.
                          Mainz: Krausskopf, 1976.
                          Zugl. Stuttgart, Universität, Diss., 1976.

/SCH-78/ Schweizer, M.: Taktile Sensoren für programmierbare Hand-
                         habungsgeräte.
                         Mainz: Krausskopf, 1978.
                         Zugl. Stuttgart, Universität, Diss., 1978.

/SCH-82/ Schuster, K.: Dübelverbindung im Rahmen- und Gestellbau.
                        In: Holz- und Kunststoffverarbeitung 12/82,
                        S. 1068-1070.

/SCH-92/ Schuler, G.: Entwicklung und Einsatz von flexiblen
                       Montagesystemen in der Möbelindustrie.
                       In: Holz- und Kunststoffverarbeitung 10/92,
                       S. 1100-1103.

/SCH-95a/ Schweizer, M.; Robotertechnik:
           Dreher, H.; Heutiger Stand in der Holzverarbeitung.
           Hörz, T.: In: Holz- und Kunststoffverarbeitung 3/95,
                      S. 254-257.

/SCH-95b/   Schneider, W.-D.:   Flexibel automatisiertes Taumelnieten.
Berlin: Springer, 1995.
Zugl. Stuttgart, Universität, Diss., 1995.

/SCH-96/   Schweizer, M.; Hörz, T.:   Robot Technology in the Woodworking Industry.
In: 27th International Symposium on Industrial Robots, Milan, Italy, 1996, S. 329-333.

/SJB-97/   o. V.:   Statistisches Jahrbuch für die Bundesrepublik Deutschland 1996.
Hrsg.: Statistisches Bundesamt/Wiesbaden.
Stuttgart: Kohlhammer, 1997.

/SOF-87/   o. V.:   Die Montage im flexiblen Produktionsbetrieb: Ergebnisbericht 1984-1986 des Sonderforschungsbereichs 158 der Universität Stuttgart.
Stuttgart: Universität, SoFo 158, 1987.

/TEX-96/   o. V.:   Texmato GmbH & Co.
49090 Osnabrück, Firmenschrift: Maschinen und Anlagen für die Möbelindustrie, 1996.

/TRI-90/   Triebner, I.; Kröppelin, U.; Kühne, G.:   Deformations- und Dehnungsmessung an Dübelverbindungen.
In: Wiss. Zeitschrift der Techn. Universität Dresden, Nr. 39, Heft 4, 1990, S. 185-190.

/VDI-82/   o. V.:   VDI-Richtlinie 2860, Blatt 1 (Entwurf).
Handhabungsfunktionen, Handhabungseinrichtungen, Begriffe, Definitionen, Symbole.
Berlin, Köln: Beuth-Verlag, 1982.

/VDM-94/   o. V.:   Deutsche Holzbearbeitungsmaschinen 1994/95.
Frankfurt/Main: VDMA Fachgemeinschaft Holzbearbeitungsmaschinen, 1994.

/WAR-90/   Warnecke, H.-J.; Schraft, R. D.:   Industrieroboter.
Berlin: Springer, 1990.

/WAR-95/	Warnecke, H.-J.; Dreher, H.; Hörz, T.:	Robotertechnik. In: Holz- und Kunststoffverarbeitung 1/95, S. 76-79.
/WELL-96/	o. V.:	Firma Gustav Wellmann GmbH & Co. KG, 32130 Enger, Firmenschrift, 1996.
/WER-93/	Werner, H.:	Tragfähigkeit von Holz-Verbindungen mit stiftförmigen Verbindungsmitteln unter Berücksichtigung streuender Einflußgrößen. Karlsruhe, Universität, Diss., 1993.
/WES-95/	Westkämper, E.; Kisselbach, A.:	Leistungssteigerung beim Bohren. In: HOB 5/95, S. 94-103.
/WÖS-93/	Wößner J. F.:	Automatische Montage von O-Ringen. Berlin: Springer, 1993. Zugl. Stuttgart, Universität, Diss., 1993.
/WÜR-92/	Würtz, G.:	Montage von Preßverbindungen mit Industrierobotern. Berlin: Springer, 1992. Zugl. Stuttgart, Universität, Diss., 1992.

IPA Forschung und Praxis

Schriftenreihe aus dem Institut für Produktionstechnik und Automatisierung, Stuttgart

Herausgeber: Prof. Dr.-Ing. Dr. h. c. mult. H.-J. Warnecke

Stufenweise Ableitung eines praktischen Planungssystems für den Entwicklungsbereich
Von R. Hichert. ISBN 3-7830-0149-8.
1978, 151 Seiten, kartoniert.   52.— DM

Produktionsplanung mit Auftragsfamilien
Von U. W. Geitner. ISBN 3-7830-0161.7.
1979, 110 Seiten, kartoniert.   45.— DM

Thermisch-chemisches Entgraten
Von T. Wagner. ISBN 3-7830-0164-1.
1979, 111 Seiten, kartoniert.   45.— DM

Untersuchung der Materialflußkosten bei ausgewählten Systemen der Zentralen Arbeitsverteilung
Von R. Wenzel. ISBN 3-7830-0162-5.
1979, 168 Seiten, kartoniert.   86.— DM

Anpassung und Einführung eines Planungssystems für die Ablaufplanung im Konstruktionsbereich
Von W. Dangelmaier. ISBN 3-7830-0163-3.
1979, 168 Seiten, kartoniert.   80.— DM

Längenmessungen an bewegten Teilen mit berührungslos wirkenden Aufnehmern
Von H. Lang. ISBN 3-7830-0157-9
1979, 89 Seiten, kartoniert.   42.— DM

Untersuchung multistabiler Strömungselemente und ihr Einsatz in sequentiellen Steuerungen
Von A. Ernst. ISBN 3-7830-0157-9.
1979, 122 Seiten, kartoniert.   48.— DM

Taktile Sensoren für programmierbare Handhabungsgeräte
Von M. Schweizer. ISBN 3-7830-0158-7.
1979, 91 Seiten, kartoniert.   42.— DM

Die rechnerunterstützte Prüfplanung
Von P. Blasing. ISBN 3-7830-0152-8.
1979, 100 Seiten, kartoniert.   44.— DM

Verfahren zur Fabrikplanung im Mensch-Rechner-Dialog am Bildschirm
Von W. Ernst. ISBN 3-7830-0156-0.
1979, 218 Seiten, kartoniert.   72.— DM

Rechnerunterstütztes Verfahren zur Leistungsabstimmung von Mehrmodell-Montagesystemen
Von M. Gorke ISBN 3-7830-0155-2.
1979, 139 Seiten, kartoniert   50.— DM

Standortbezogene Betriebsmittel
Von G. Pflieger. ISBN 3-7830-0167-6.
1979, 127 Seiten, kartoniert.   52.— DM

Die betriebswirtschaftliche Beurteilung neuer Arbeitsformen
Von B.-H. Zippe. ISBN 3-7830-0168-4.
1979, 350 Seiten, kartoniert.   98.— DM

Untersuchung des Arbeitsverhaltens programmierbarer Handhabungsgeräte
Von B. Brodbeck. ISBN 3-7830-0169-2.
1979, 117 Seiten, kartoniert.   48.— DM

Untersuchung eines kohärent-optischen Verfahrens zur Rauheitsmessung
Von N. Rau. ISBN 3-7830-0174-9
1979, 117 Seiten, kartoniert.   48.— DM

Entwicklung einer programmierbaren, pneumatischen Steuerung
Von D Klemenz. ISBN 3-7830-0171-4.
1979, 93 Seiten, kartoniert.   42.— DM

IPA Forschung und Praxis

Berichte aus dem Fraunhofer-Institut für Produktionstechnik und Automatisierung, Stuttgart, und dem Institut für Industrielle Fertigung und Fabrikbetrieb der Universität Stuttgart

Herausgeber: Prof. Dr.-Ing. Dr. h. c. mult. H.-J. Warnecke

57 Methode zur rechnerunterstützten Einsatzplanung von programmierbaren Handhabungsgeräten
Von Uwe Schmidt-Streier. ISBN 3-540-11355-X.
1982, 188 Seiten mit 72 Abbildungen. 53.— DM

58 Werkstoff- und Energiekennwerte industrieller Lackieranlagen, am Beispiel der Automobilindustrie
Von Rainer Manfred Thiel. ISBN 3-540-11356-8.
1982, 116 Seiten mit 59 Abbildungen. 53.— DM

59 Maßnahmen zum Verbessern der pneumatischen Lackzerstäubung – Teilchengrößenbestimmung im Spritzstrahl –
Von Klaus Werner Thomer. ISBN 3-540-11507-2.
1982, 162 Seiten mit 94 Abbildungen und 1 Tabelle. 53.— DM

60 Ermittlung und Bewertung von Rationalisierungsmaßnahmen im Produktionsbereich
Von Jürgen Schilde. ISBN 3-540-11730-X.
1982, 158 Seiten mit 57 Abbildungen. 53.— DM

61 Untersuchung von Verfahren der Reihenfolgeplanung und ihre Anwendung bei Fertigungszellen
Von Mohamed Osman. ISBN 3-540-11747-4.
1982, 124 Seiten mit 32 Abbildungen und 3 Tabellen. 53.— DM

62 Ein Simulationsmodell zur Planung gruppentechnologischer Fertigungszellen
Von Volker Saak. ISBN 3-540-11747-4.
1982, 134 Seiten mit 53 Abbildungen. 53.— DM

63 Verfahren zur technischen Investitionsplanung automatisierter Fertigungsanlagen
Von Günter Vettin. ISBN 3-540-11747-4.
1982, 134 Seiten mit 63 Abbildungen. 53.— DM

64 Pneumatische Sensoren zur prozeßsimultanen Messung des Werkzeugverschleißes und zur Kollisionsvermeidung beim Messerkopffräsen
Von Wolfgang Jentner. ISBN 3-540-11747-4.
1982, 126 Seiten mit 47 Abbildungen und 6 Tabellen. 53.— DM

65 Rechnerunterstützte Gestaltung ortsgebundener Montagearbeitsplätze, dargestellt am Beispiel kleinvolumiger Produkte
Von Eberhard Haller. ISBN 3-540-12015-7.
1982, 130 Seiten mit 43 Abbildungen. 53.— DM

66 Fernsehüberwachung von Schutzgasschweißvorgängen mit abschmelzender Elektrode MIG – MAG
Von Ruprecht Niepold. ISBN 3-540-12181-7.
1983, 178 Seiten mit 73 Abbildungen und 5 Tabellen. 58.— DM

67 Entwicklung flexibler Ordnungssysteme für die Automatisierung der Werkstückhandhabung in der Klein- und Mittelserienfertigung
Von Karl Weiss. ISBN 3-540-12455-1.
1983, 116 Seiten mit 68 Abbildungen. 58.— DM

68 Automatisierte Überwachungsverfahren für Fertigungseinrichtungen mit speicherprogrammierten Steuerungen
Von Werner Eißler. ISBN 3-540-12456-X.
1983, 128 Seiten mit 66 Abbildungen. 58.— DM

69 Prozeßüberwachung beim Galvanoformen
Von Jürgen Wilhelm Böcker. ISBN 3-540-12457-8.
1983, 118 Seiten mit 32 Abbildungen. 58.— DM

70 LAPEX – Ein rechnerunterstütztes Verfahren zur Betriebsmittelzuordnung
Von Stephan Mayer. ISBN 3-540-12490-X.
1983, 162 Seiten mit 34 Abbildungen und 2 Tabellen. 58.— DM

71 Gestaltung eines integrierten Produktionssystems für die Sortenfertigung unter Einsatz der Clusteranalyse
Von Gerald Weber. ISBN 3-540-12650-3.
1983, 194 Seiten mit 54 Abbildungen. 58.— DM

72 Gußputzen mit sensorgeführten, programmierbaren Handhabungsgeräten
Von Eberhard Abele. ISBN 3-540-12651-1.
1983, 133 Seiten mit 66 Abbildungen. 58,— DM

73 Untersuchungen zur Herstellung und zum Einsatz galvanogeformter Erodierelektroden
Von Harald Müller. ISBN 3-540-12822-0.
1983, 148 Seiten mit 78 Abbildungen. 58,— DM

74 Ein Beitrag zur Optimierung der Prozeßführungsstrategien automatisierter Förder- und Materialflußsysteme
Von Hans Steffens. ISBN 3-540-12968-5.
1983, 161 Seiten mit 60 Abbildungen. 58,— DM

75 Entwicklung eines Verfahrens zur wertmäßigen Bestimmung der Produktivität und Wirtschaftlichkeit von Personalentwicklungsmaßnahmen in Arbeitsstrukturen
Von Christian Müller. ISBN 3-540-13041-1.
1983, 129 Seiten mit 34 Abbildungen. 58,— DM

76 Berechnung der Gestaltänderung von Profilen infolge Strahlverschleiß
Von Wolfgang Marx. ISBN 3-540-13054-3.
1983, 121 Seiten mit 58 Abbildungen. 58,— DM

77 Algorithmen zur flexiblen Gestaltung der kurzfristigen Fertigungssteuerung
Von Rudolf E. Scheiber. ISBN 3-540-13500-6.
1984, 150 Seiten mit 73 Abbildungen und 1 Tabelle. 63.— DM

78 Galvanisieren mit moduliertem Strom
Von Jürgen Wolfgang Mann. ISBN 3-540-13733-5.
1984, 145 Seiten und 58 Abbildungen. 63,— DM

79 Fluoreszenzmeßverfahren zur Schmierfilmdickenmessung in Wälzlagern
Von Wolfgang Schmutz. ISBN 3-540-13777-7.
1984, 141 Seiten und 66 Abbildungen. 63,— DM

IPA-IAO Forschung und Praxis

Berichte aus dem Fraunhofer-Institut für Produktionstechnik und Automatisierung (IPA), Stuttgart, Fraunhofer-Institut für Arbeitswirtschaft und Organisation (IAO), Stuttgart, und Institut für Industrielle Fertigung und Fabrikbetrieb der Universität Stuttgart

Herausgeber: Prof. Dr.-Ing. Dr. h. c. mult. H.-J. Warnecke und Prof. Dr.-Ing. habil. Prof. E. h. Dr. h. c. H.-J. Bullinger

Die Bände sind im Erscheinungsjahr und in den folgenden drei Kalenderjahren zu beziehen durch den örtlichen Buchhandel oder durch Lange & Springer, Otto-Suhr-Allee 25–28, 10585 Berlin.